全国职业技术院校模具制造/模具设计专业教材

冲压工艺与模具结构
（第二版）

人力资源和社会保障部教材办公室组织编写

中国劳动社会保障出版社

简介

本书主要内容包括冲压工艺基础知识、冲裁工艺与模具结构、其他冲压工艺与模具结构、多工位精密自动级进模结构等。

本书由洪惠良主编，陈烨妍、张忠华、朱敏、巢英志、罗静参加编写，米光明主审。

图书在版编目(CIP)数据

冲压工艺与模具结构/人力资源和社会保障部教材办公室组织编写. —2版. —北京：中国劳动社会保障出版社，2016

全国职业技术院校模具制造/模具设计专业教材

ISBN 978-7-5167-2644-0

Ⅰ.①冲…　Ⅱ.①人…　Ⅲ.①冲压-生产工艺-职业教育-教材②冲模-结构设计-职业教育-教材　Ⅳ.①TG38

中国版本图书馆CIP数据核字(2016)第172799号

中国劳动社会保障出版社出版发行

（北京市惠新东街1号　邮政编码：100029）

*

北京谊兴印刷有限公司印刷装订　新华书店经销

787毫米×1092毫米　16开本　10.25印张　206千字

2016年7月第2版　　2025年5月第8次印刷

定价：19.00元

营销中心电话：400-606-6496

出版社网址：http://www.class.com.cn

http://jg.class.com.cn

前言

为了更好地适应全国职业技术院校模具类专业的教学要求，全面提升教学质量，人力资源和社会保障部教材办公室组织有关学校的骨干教师和行业、企业专家，对全国中等职业技术学校和高等职业技术院校模具类专业教材进行了修订和补充开发。教材的修订和开发以人力资源社会保障部颁布的《技工院校模具制造专业教学计划和教学大纲（2016）》与《技工院校模具设计专业教学计划和教学大纲（2016）》为依据，充分调研了企业生产和学校教学情况，广泛听取了教师对现行教材使用情况的反馈意见，吸收和借鉴了各地职业技术院校教学改革的成功经验。

教材体系

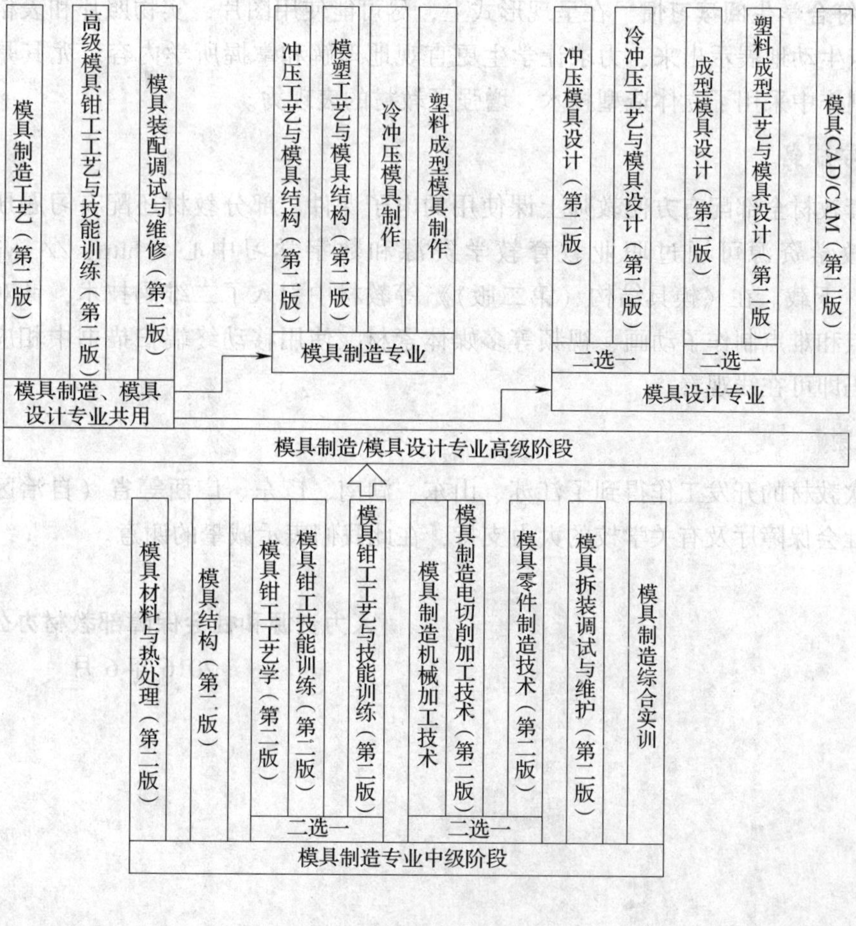

适用对象

模具制造/模具设计专业中级、高级两个层次和以下 3 种学制：

- 初中毕业生 3 年学制培养中级工
- 高中毕业生 3 年学制培养高级工
- 初中毕业生 5 年学制培养高级工

编写特色

◆ **紧贴国家职业标准** 紧密贴合《中华人民共和国职业分类大典（2015 年版）》中对模具工等职业的职业能力要求，同时参照了模具工、工具钳工等国家职业技能标准。

◆ **体现行业技术发展** 根据模具行业的最新发展，在教材中充实模具制造、设计方面的新技术，如模具 CAD/CAM/CAE 技术、快速成型技术、多轴数控加工技术、微细加工技术等，体现教材的先进性。

◆ **更新国家技术标准** 采用最新的国家技术标准，如《工模具钢》（GB/T 1299—2014）、《冲压件尺寸公差》（GB/T 13914—2013）、《冲压件角度公差》（GB/T 13915—2013）等，使教材内容更加科学和规范。

◆ **符合学生阅读习惯** 在呈现形式上，尽可能使用图片、实物照片和表格等形式将知识点生动地展示出来，力求让学生更直观地理解和掌握所学内容。尤其是在教材插图的制作中采用了立体造型技术，增强了教材的表现力。

教学服务

本套教材全部配有方便教师上课使用的电子课件，部分教材还配有习题册，电子课件等教学资源可通过职业教育教学资源和数字学习中心（http：// zjy. class. com. cn）下载。在《模具结构（第二版）》等教材中引入了二维码技术，针对书中的教学重点和难点制作了动画、视频等多媒体素材，使用移动终端扫描书中相应位置处的二维码即可在线观看。

致谢

本次教材的开发工作得到了江苏、山东、湖南、广东、广西等省（自治区）人力资源和社会保障厅及有关学校的大力支持，在此我们表示诚挚的谢意。

人力资源和社会保障部教材办公室

2016 年 6 月

目　录
Contents

第一章

冲压工艺基础知识

在实际生产中，尤其是在汽车、拖拉机、电机、电器和仪表等行业，相当数量的制品不适宜采用机械切削加工方法来成形，如汽车外壳、电器外壳及各类钣金零件等，它们材料较薄、批量较大，通常需要经过冲压加工而成。

第一节　冲压加工及其工艺过程

与机械切削加工零件一样，冲压加工也离不开工艺设计。例如，对于如图 1—1—1 所示的托架制件（年产量 5 万件，材料为 20 钢），一般采用冲压加工而成。根据需要，该托架制件冲压加工所需的基本工序包括冲孔、落料和弯曲。

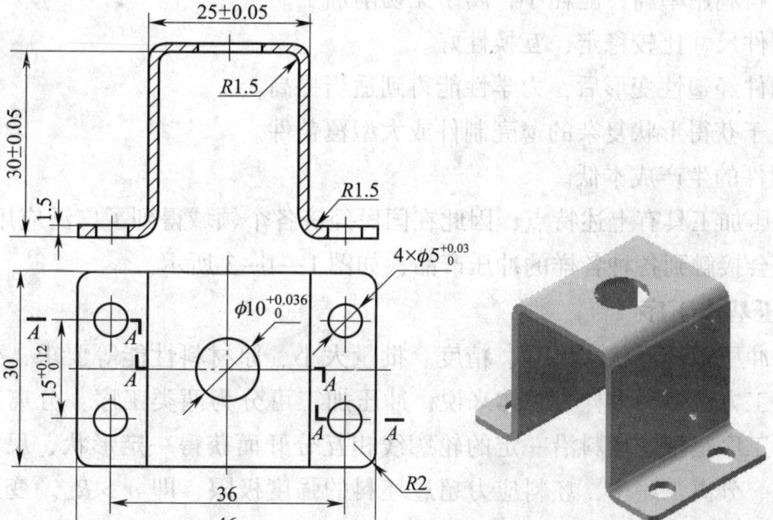

图 1—1—1　托架

一、冲压加工及其基本工序

1. 冲压加工

冲压加工是借助相应的设备（压力机）和工具（冲模），对板料金属或非金属施加压力，使其产生分离或塑性变形，从而获得具有一定形状、尺寸和性能要求产品的生产技术，其过程示意如图 1—1—2 所示。冲压加工是金属压力加工方法之一，它是建立在金属塑性变形理论基础上的材料成型工程技术。

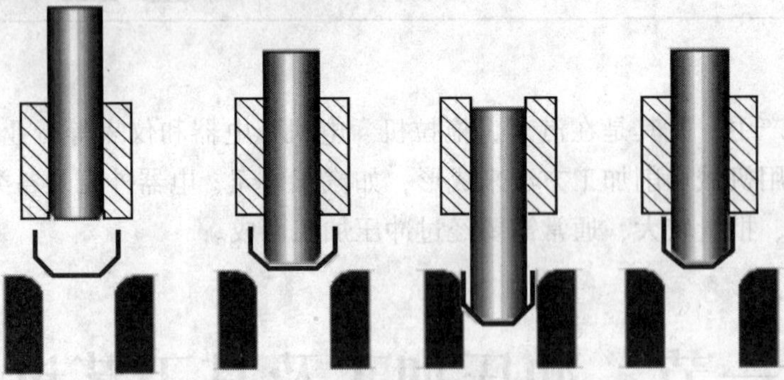

图 1—1—2　冲压示意

冲压加工通常在常温状态下进行，因此也称为冷冲压。由于冲压加工的原材料一般为板料，故又称为板料冲压。

冲压加工的特点是：

（1）生产效率极高，操作简便，易于实现自动化。

（2）材料利用率高，能耗小，属于无切削加工。

（3）制件尺寸比较稳定，互换性好。

（4）制件经塑性变形后，力学性能得到适当提高。

（5）便于获得形状复杂的薄壳制件或大型覆盖件。

（6）制件的生产成本低。

由于冲压加工具有上述特点，因此在国民经济各个领域得到了广泛应用。可以说，我们每天都会接触到各种各样的冲压产品，如图 1—1—3 所示。

2. 冲压基本工序

为满足冲压零件形状、尺寸、精度、批量大小、原材料性能等要求，生产中所采用的冲压加工方法多种多样。总体来说，冲压加工可分为两类工序：分离工序和变形工序。分离工序是指使坯料沿一定的轮廓线相互分开而获得一定形状、尺寸和断面质量的冲压件。分离工序中，坯料应力超过坯料的强度极限，即 $\sigma > R_m$。变形工序则是使坯料在不被破坏的条件下发生塑性变形，产生形状和尺寸的变化，转化成为所需要的制件。变形工序中，坯料应力介于坯料的屈服极限和强度极限之间，即 $R_{el} < \sigma < R_m$。

图 1—1—3　冲压产品

按基本变形方式不同，以上两类工序又可分为冲裁、弯曲、拉深和成形四种基本工序，它们的分类和成形特点见表 1—1—1。

表 1—1—1　　冲压工序的分类和成形特点

工序分类	基本工序	工序名称	工序简图	工序特点
分离工序	冲裁	落料	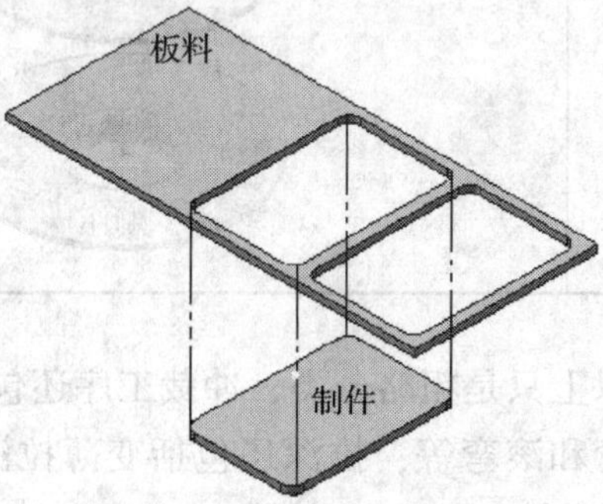	沿封闭轮廓分离出制件
		冲孔	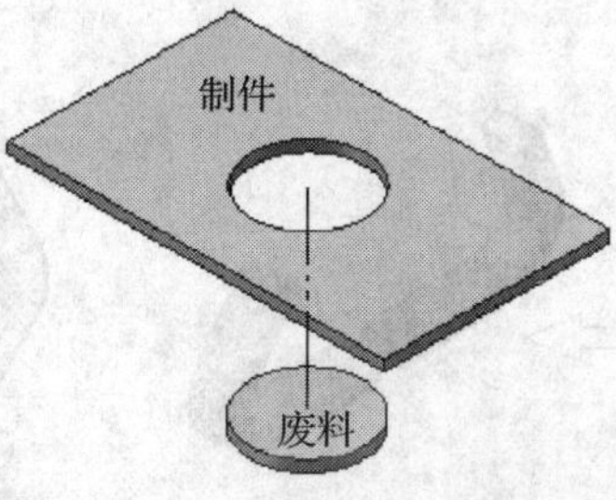	沿封闭轮廓分离出废料

续表

工序分类	基本工序	工序名称	工序简图	工序特点
变形工序	弯曲	压弯	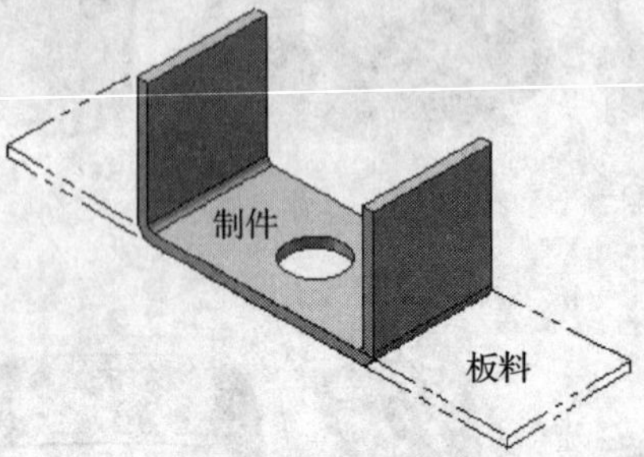	将板料沿直线弯曲形成制件
	拉深	拉深		将板料拉深成开口空心制件
	成形	翻边	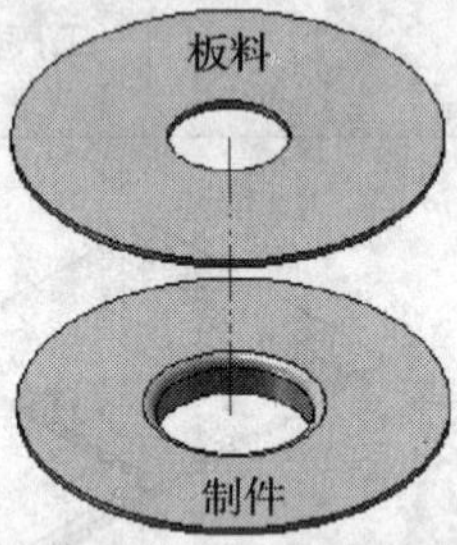	使板料边缘弯曲成竖立的曲边弯曲线形状，或将孔附近的材料变形成有限高度的圆筒形

需要说明的是，以上只是粗略分类，冲裁工序还包括切断、切边、切口和剖切等；弯曲还包括拉弯、扭弯和滚弯等；拉深还包括变薄拉深；成形还包括起伏、缩口、胀形等，其部分工序简图如图 1—1—4 所示。

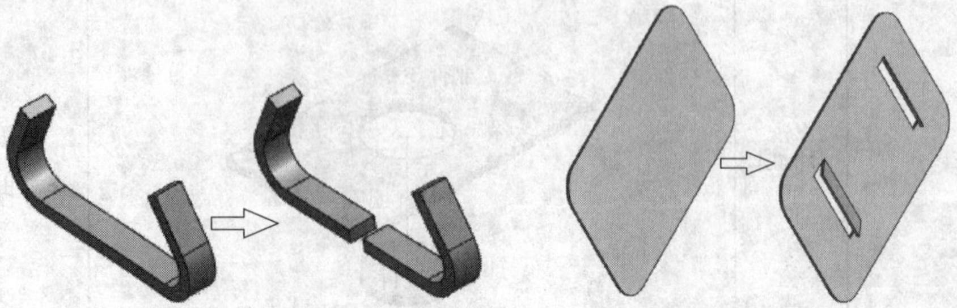

a）　　　　b）

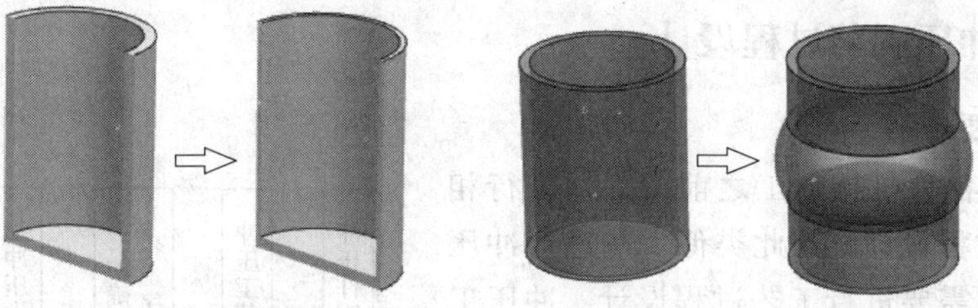

c)　　　　　　　　d)

图 1—1—4　部分冲压工序简图

a) 剖切　b) 切口　c) 变薄拉深　d) 胀形

冲压制件往往需要经过多道冲压成形工序才能完成，以图 1—1—1 所示托架为例，该制件的最终成形要经过冲孔、落料和弯曲三种冲压工序，其过程见表 1—1—2。

表 1—1—2　　　　托架冲压加工过程示意

毛坯图	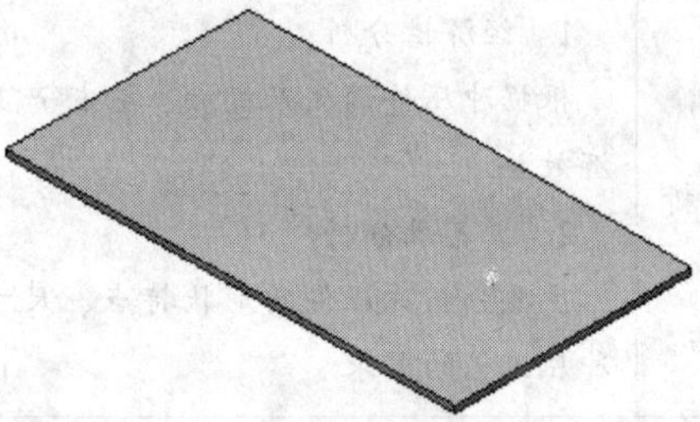
落料与冲孔	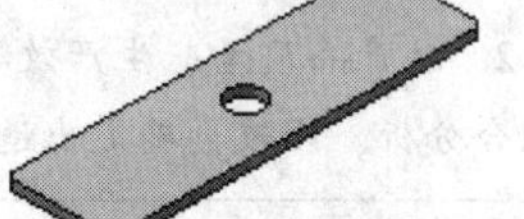
一次弯曲	
二次弯曲	
冲孔	

注：该制件冲压工艺方案可以有多种，这里仅给出其中之一。

二、冲压工艺过程设计

1. 主要步骤

在进行各种机械加工之前，必须进行相应的工艺过程设计。与此类似，在进行冲压加工之前也需要进行工艺过程设计。冲压工艺过程设计的主要步骤如图 1—1—5 所示。

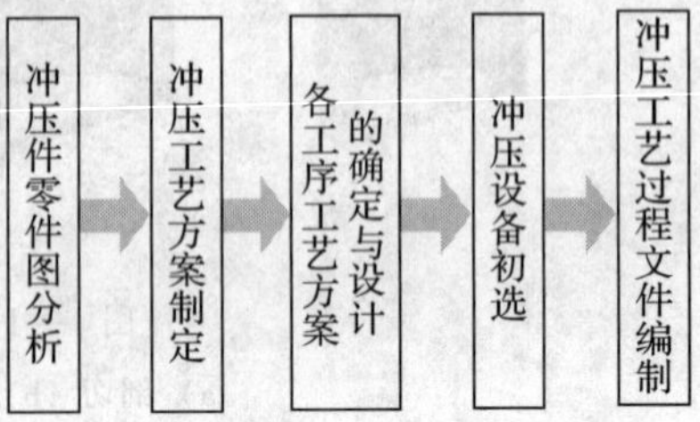

图 1—1—5　冲压工艺过程设计的主要步骤

2. 基本内容

冲压工艺过程设计是一项繁杂而细致的工作，其基本内容见表 1—1—3。

表 1—1—3　　冲压工艺过程设计的基本内容

设计步骤	基本内容
冲压件零件图分析	1. 经济性分析 根据冲压件的生产纲领，分析产品成本，阐明采用冲压生产可以取得的经济效益 2. 工艺性分析 主要分析冲压件的形状特点、尺寸大小、精度要求和材料性能等是否符合冲压工艺的要求
冲压工艺方案制定	1. 在工艺分析的基础上，根据冲压要求制定几种不同的冲压工艺方案 2. 从产品质量、生产效率、设备要求、模具制造难易程度等多方面，进行综合分析、比较，确定出适合于工厂具体生产条件的最经济合理的工艺方案
各工序工艺方案的确定与设计	1. 依据所确定的冲压件成形工艺方案，确定并设计各道冲压工序的工艺方案 2. 确定冲压各工序工艺方案的内容 (1) 确定完成本工序的方法 (2) 确定本工序的主要工艺参数 (3) 进行必要的工艺计算 (4) 确定各工序的冲压力 (5) 计算并确定每个工序的工件形状和尺寸，绘制各工序图
冲压设备初选	1. 依据所要完成的冲压工艺、生产批量、冲压件的尺寸和精度要求等，选择冲压设备的类型 2. 依据冲压件尺寸、冲压力大小和模具尺寸等，选择冲压设备的技术参数
冲压工艺过程文件编制	冲压工艺文件一般以工艺过程卡的形式表示，内容包括：工序名称、工序次数、工序图、所用模具、所选设备、工序检验要求、板料规格和性能、毛坯形状和尺寸等

表 1—1—4 为图 1—1—1 所示托架制件的冲压工艺卡片。需要指出的是，各厂家所使用的冲压工艺卡片的格式不尽相同。

表 1—1—4　　　　冲压工艺卡片

<table>
<tr><td>标记</td><td>产品名称</td><td></td><td rowspan="2">冲压工艺规程卡</td><td>制件名称</td><td>托架</td><td>年产量</td><td colspan="2">第　页</td></tr>
<tr><td></td><td>产品图号</td><td></td><td>制件图号</td><td></td><td>5 万件</td><td colspan="2">共　页</td></tr>
<tr><td colspan="2">材料型号及技术条件</td><td>20 钢</td><td>毛坯形状及尺寸</td><td colspan="2">选用板料
1 800 × 900 × 1.5</td><td colspan="3">纵裁成
1 800 × 108 × 1.5</td></tr>
<tr><td>工序号</td><td>工序名称</td><td colspan="2">工序草图</td><td>工装名称</td><td>设备</td><td colspan="2">检验要求</td><td>备注</td></tr>
<tr><td>0</td><td>下料</td><td colspan="2">1 800 × 108 × 1.5</td><td></td><td>剪床</td><td colspan="2"></td><td></td></tr>
<tr><td>1</td><td>冲孔落料</td><td colspan="2">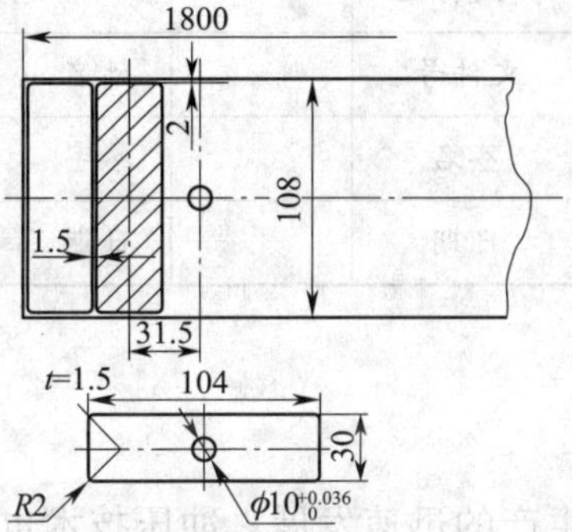
</td><td>冲孔落料
复合模</td><td>开式可倾
压力机</td><td colspan="2">按草图</td><td></td></tr>
<tr><td>2</td><td>一次弯曲
(带预弯)</td><td colspan="2">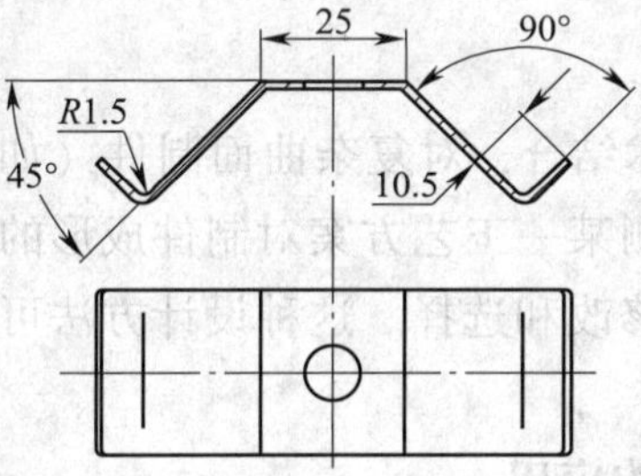
</td><td>弯曲模</td><td>高性能开式
可倾压力机</td><td colspan="2">按草图</td><td></td></tr>
<tr><td>3</td><td>二次弯曲</td><td colspan="2">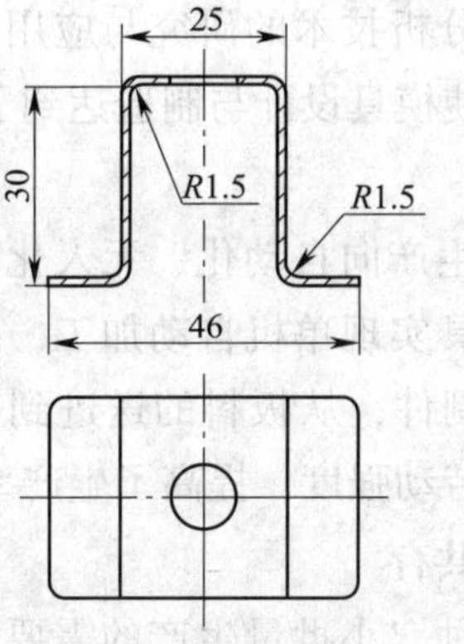
</td><td>弯曲模</td><td>高性能开式
可倾压力机</td><td colspan="2">按草图</td><td></td></tr>
</table>

续表

工序号	工序名称	工序草图	工装名称	设备	检验要求	备注
4	冲孔4×φ5	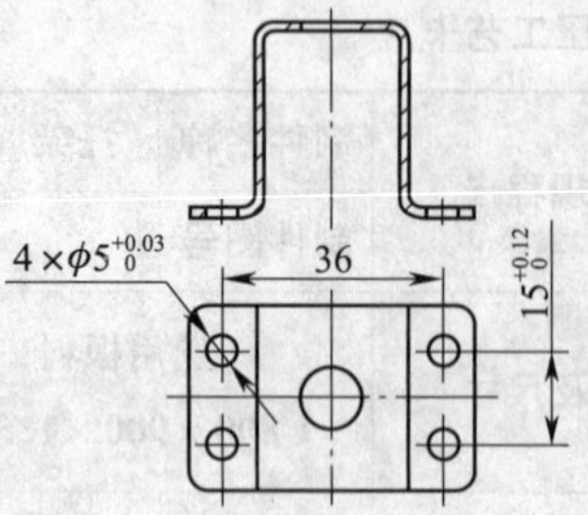	冲孔模	高性能开式可倾压力机	按草图	
5	去毛刺			滚筒		
6	检验				按冲压件图	

原底图总号		日期		更改标记		编制	校对	核对
				文件号		姓名		
底图总号		签字		签名		签字		
				日期		日期		

三、冲压技术发展趋势

随着科学技术的不断进步和工业生产的迅速发展，冲压技术也在不断地革新和发展，具体表现如下：

1. 工艺分析计算的现代化

冲压技术与现代数学、计算机技术结合，对复杂曲面制件（如汽车覆盖件等）进行计算机模拟和有限元分析，可以预测某一工艺方案对制件成形的可能性与成形过程中将会发生的问题，供设计人员进行修改和选择。这种设计方法可将传统的经验设计升华为优化设计。

2. 冲压模具 CAD/CAM/CAE 的应用

冲压模具计算机辅助设计、制造与分析技术的研究与应用，极大地提高了冲压模具制造效率，提高了冲压模具的质量，使模具设计与制造达到了一个新高度。

3. 冲压生产的自动化

为了满足大批量生产的需要，冲压生产向自动化、无人化方向发展，已经实现了利用高速冲床和多工位精密自动级进模具实现单机自动加工，冲压速度可达每分钟上千次。可采用多机联合生产线生产大型制件，从板料的送进到冲压加工、最后检验可全由计算机控制，极大地减轻了工人的劳动强度，提高了生产率。

4. 大批量与多品种、小批量生产共存

除满足大批量生产外，为适应多品种、小批量生产的需要，各种简易模具、经济

模具和标准化且容易变换的模具系统也得到了发展。

5. 推广和发展冲压新工艺和新技术

冲压新工艺和新技术得到了不断的推广和发展，如精密冲裁、液压拉深、电磁成型、超塑性成型等。

6. 与材料科学结合

冲压技术与材料科学结合，可不断改进板料性能，以提高其成形能力和使用效果。

7. 促使各类产品的演变

以电子产品为例，如图1—1—6所示手机、笔记本电脑等，其外壳从塑料向金属材料演变，向追求环保、美观、前卫、防辐射方向发展。

图1—1—6 电子产品

8. 冲压与其他工艺的综合运用

随着用户要求的不断改变，相当数量的制品仅靠冲压很难制造成形，为此，必须融合其他工艺，例如冲压与CNC技术的综合运用、冲压与注射（注塑）技术的综合运用等，如图1—1—7所示为冲压与CNC工艺等在手机外壳制造中综合运用的示例。

图1—1—7 冲压与其他工艺综合运用示例

第二节 冲压模具

冲压件的成形离不开相应的工具——冲压模具（简称冲模）。冲压模具是指通过加压将金属、非金属板料或型材分离、成形或接合而获得制件的工艺装备。冲压模具在工业生产中使用得极为广泛，尤其是在大批量生产中，如汽车、手机、电器、仪表、电子、国防及日用品等行业。

如图 1—2—1 所示为一副简单冲压模具，它用于完成方形毛坯上圆形孔的冲制。它在压力机上的工作过程如下：上模、下模分开→板料毛坯送入模具定位→上模下行运动→冲落废料落入凹模，制件卡于凸模→上模上行运动→制件由卸料板退出凸模。

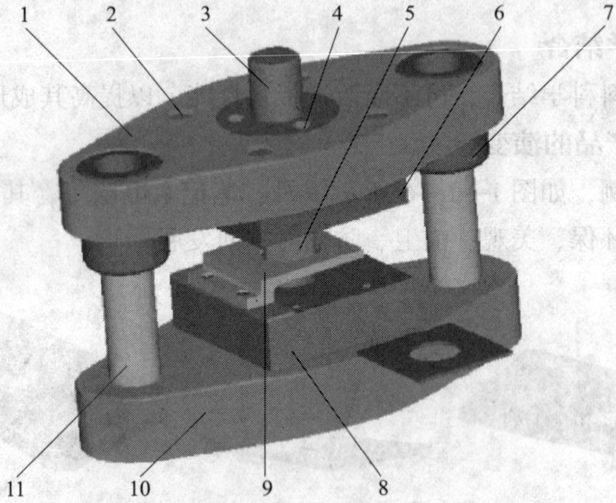

图 1—2—1　简单冲压模具

1—上模座　2—螺钉　3—模柄　4—模柄固定螺钉　5—凸模　6—凸模固定板　7—导套　8—凹模　9—卸料板　10—下模座　11—导柱

一、冲压模具的分类

冲压模具有很多种类。从工序组合程度角度，冲压模具可分为单工序模、复合模和级进模，它们的特点和应用见表 1—2—1。图 1—2—1 所示冲压模具为单工序模，它只完成一道冲孔工序。

表 1—2—1　　冲压模具（按工序组合程度分类）的特点和应用

类型名称	特点	应用
单工序模	在压力机一次行程中只能完成一种冲压工序，一般只有一对凸模和凹模	生产批量不大的外形简单制件
复合模	只有一个工位，在压力机的一次行程中能完成两种或两种以上的冲压工序	大批量生产形状复杂、精度和表面质量要求较高的制件
级进模	具有两个或两个以上工位，在压力机的一次行程中，在不同工位上完成两种或两种以上的冲压工序	高效生产具有一定精度的制件

按冲压工艺性质，冲压模具可分为冲裁模（包括落料模、冲孔模和精冲模等）、弯曲模、拉深模、成形模等；按所冲压板材厚度，冲压模具可分为厚材模（板材厚度

大于0.5 mm）和薄材模（板材厚度小于等于0.5 mm）；按功能，冲压模具可分为工程模和级进模，其示例如图1—2—2所示，其中，工程模包括冲孔模、复合落料模、折弯模、铆合模、拉深模、旋切模、侧冲模等，级进模包括端子模、大型级进模等。

a）

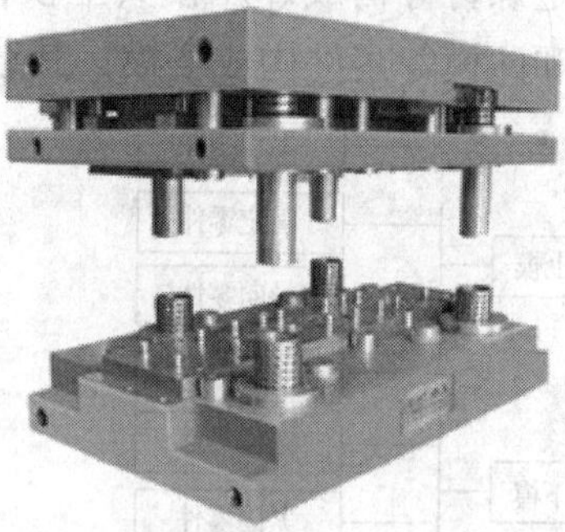

b）

图1—2—2 工程模和级进模

a）工程模 b）级进模

另外，生产实际中冲压模具还有其他分类方法，其模具名称及相关说明见表1—2—2。

表1—2—2 冲压模具的其他分类方法及说明

模具名称	相关说明
简易模	成本低，制造周期短，适用于新产品试制或小批量生产。主要有橡胶模、低熔点合金模等
组合模	基本机构形式有：通用可调式、弓形架式、积木式和通用模架式。组合模往往用于小批量试制生产
快换模	在生产中通过快速更换凸模实现不同尺寸或形状工件的冲压要求。快换模常用于生产批量较小，需要冲裁多种孔径的场合
精冲模	采用齿圈压板强力压边，凹、凸模间隙很小，凹模刃口带有圆角，在顶件板和凸模的作用下，使毛坯的变形区处于三向应力状态，可提高材料的塑性，抑制剪纹的产生，使得冲件的断面质量和尺寸精度都有所提高
硬质合金模	利用高硬度、高强度、耐磨损、耐高温及热膨胀系数小的硬质合金制成拉丝模及其他冲模

二、冲压模具的基本结构

1. 两大部分和七种零件

尽管冲压模具种类众多，功能各异，组成零件多样，但它们的基本结构大体相同。

其组成（零件）可概括为如图 1—2—3 所示的两大部分（上模和下模）和七种零件（或构件）。

就图 1—2—1 所示简单冲压模具而言，上模座、模柄、凸模、凸模固定板、导套、螺钉及模柄固定螺钉等构成冲压模具上模，其结构示意如图 1—2—4 所示；导柱、下模座、卸料板和凹模等零件构成下模，其结构示意如图 1—2—5 所示。

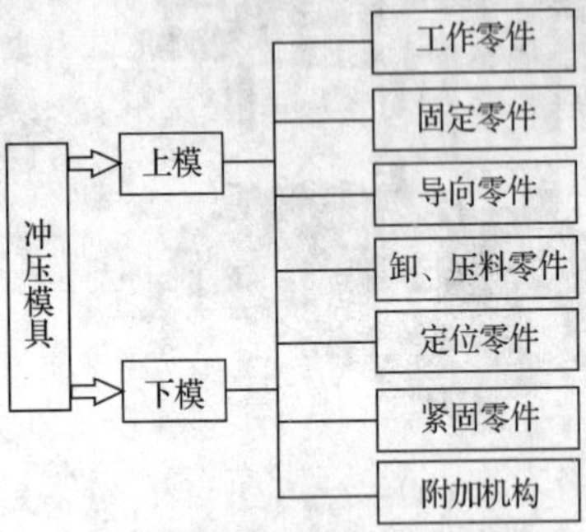

图 1—2—3　冲压模具的基本结构

图 1—2—4　冲压模具上模结构示意

冲压模具的上模部分靠模柄和压力机的滑块紧固在一起，冲压模具工作时，随滑块做上下往复运动；冲压模具的下模部分固定在压力机的工作台面上，其示意如图 1—2—6 所示。

图 1—2—5　冲压模具下模结构示意

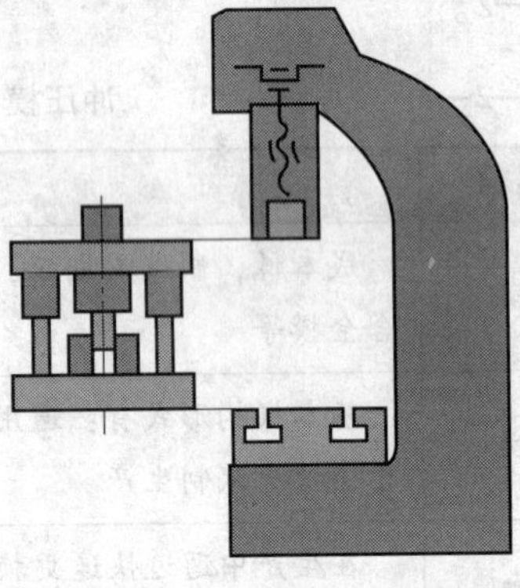

图 1—2—6　冲压模具安装示意

七种冲压模具零件（或构件）的作用及具体零件示例见表 1—2—3。

表 1—2—3　　冲压模具零件（或构件）作用及示例

名称	作用	零件示例
工作零件	直接对毛坯和板料进行冲压加工	凸模、凹模、凸凹模等
固定零件	将凸模、凹模等固定于上模、下模上，以及将上模、下模固定于压力机上	上模座、下模座、凸模固定板、凹模固定板、垫板、模柄等
导向零件	确定上模、下模的相对位置，保证冲压运动精度	导柱、导套、导板等

续表

名称	作用	零件示例
卸、压料零件	把制件或冲压原料从模具中脱出，以及确保冲压过程中制件的定位不被改变	卸料板、推板、推杆、打杆、顶件块、顶杆、压边圈等
定位零件	保证上料和冲压时材料的正确位置	定位销、定位板、挡料销、导正销、导料板、限位块等
紧固零件	保证零件间相互正确位置，把相关联的零件固定或连接起来	螺栓、销钉、键等
附加机构	传动及改变工作运动方向	斜楔、凸轮、滑块、铰链、分度机构等

在生产实际中，通常又将以上七种零件（或构件）划归为工艺零件和结构零件两类。其中，工艺零件包括工作零件，定位零件，卸、压料零件等，这些零件直接参与完成工艺过程并和坯料直接接触；而结构零件不直接参与完成工艺过程，也不和坯料直接接触，只对模具完成工艺过程起保证作用或对模具功能起完善作用。

需要指出的是，每副冲压模具中所涉及的具体零件不尽相同，应视实际需要而定，主要取决于模具的类型、冲压工艺的性质及冲压件的精度要求等。

2. 冲模模架

冲压模具中，上、下模座与导向件（导柱、导套）的组合体称为模架。冲模模架分为滑动导向模架和滚动导向模架两大类，其结构如图 1—2—7 所示。

图 1—2—7 冲模模架

（1）滑动导向模架

滑动导向模架由上模座、下模座、滑动导向导柱、滑动导向导套组成。滑动导向模架有五种结构类型：对角导柱模架、后侧导柱模架、中间导柱模架、中间导柱圆形模架和四导柱模架。

1）对角导柱模架。对角导柱模架结构如图 1—2—8 所示，其上、下模座工作平面的横向尺寸 L 一般大于纵向尺寸 B，常用于横向送料的级进模、纵向送料的单工序模或复合模。

2）后侧导柱模架。后侧导柱模架结构如图 1—2—9 所示，其特点是导向装置在后侧，横向和纵向送料都比较方便，但如果有偏心载荷，压力机导向刚度相对不足时，就会造成上模歪斜，导向装置和凸、凹模都容易磨损，从而影响模具寿命。因此，该模架一般用于较小的冲模。

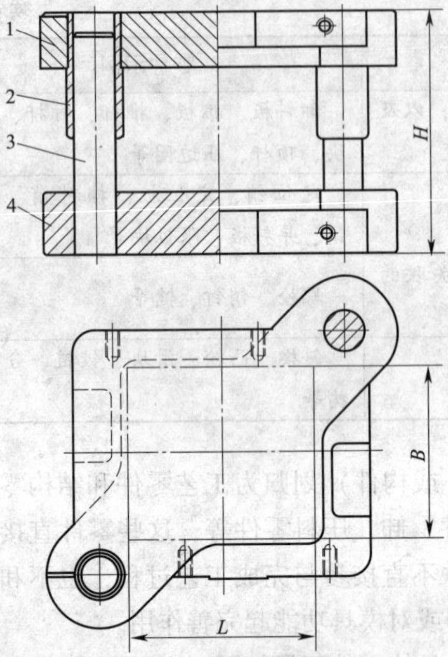

图 1—2—8 对角导柱模架

1—上模座 2—导套 3—导柱 4—下模座

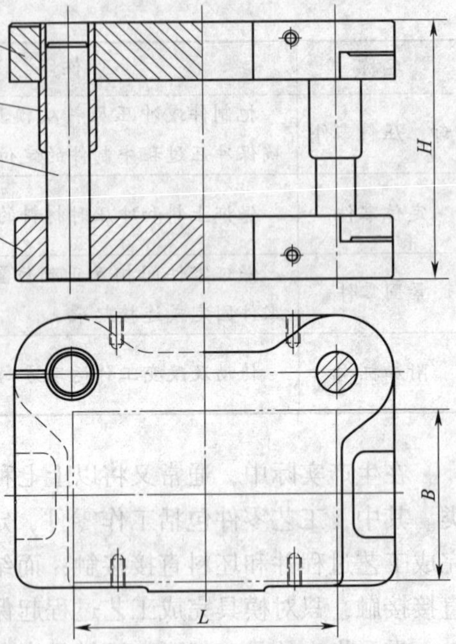

图 1—2—9 后侧导柱模架

1—上模座 2—导套 3—导柱 4—下模座

3）中间导柱模架。中间导柱模架结构如图 1—2—10 所示，该模架只能采用纵向送料，一般用于单工序模或复合模。

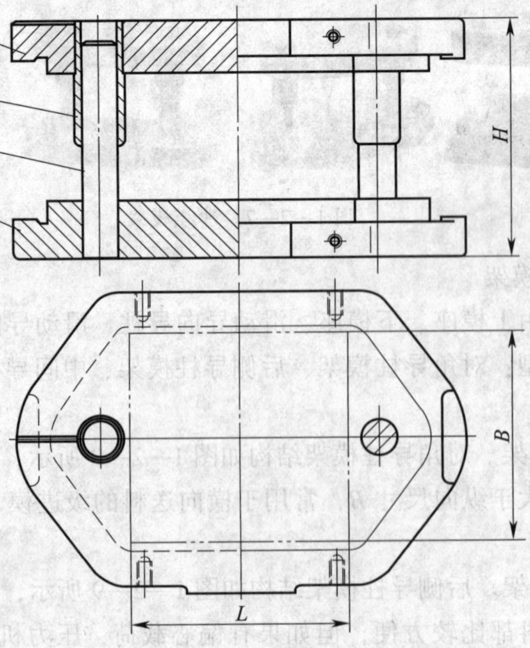

图 1—2—10 中间导柱模架

1—上模座 2—导套 3—导柱 4—下模座

4）中间导柱圆形模架。中间导柱圆形模架结构如图 1—2—11 所示，该模架只能采用纵向送料，一般用于单工序模或复合模。

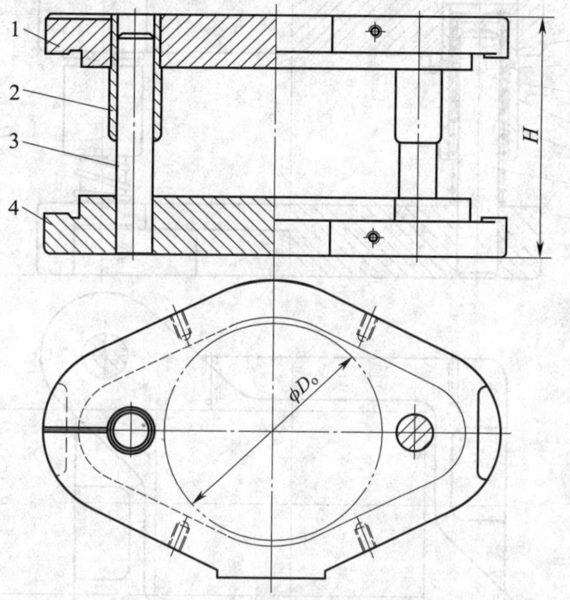

图 1—2—11　中间导柱圆形模架

1—上模座　2—导套　3—导柱　4—下模座

5）四导柱模架。四导柱模架结构如图 1—2—12 所示，该模架常用于精度要求较高或尺寸较大冲件的生产及大批量生产用的自动模。

需要强调的是，除后侧导柱模架外，其他结构模架的共同特点是：导向装置都是安装在模具的对称线上，滑动平稳，导向准确可靠。因此，要求导向精确可靠的都考虑采用这些结构形式。

（2）滚动导向模架

冲模滚动导向模架在导柱和导套间装有钢球保持圈和钢球。由于导柱、导套间的导向通过钢球的滚动摩擦来实现，导向精度高、使用寿命长，主要用于高精度、高寿命的硬质合金模、薄材冲裁模以及高速精密级进模。

冲模滚动导向模架有四种结构类型：对角导柱模架、中间导柱模架、四导柱模架和后侧导柱模架，它们的结构示意如图 1—2—13 所示。

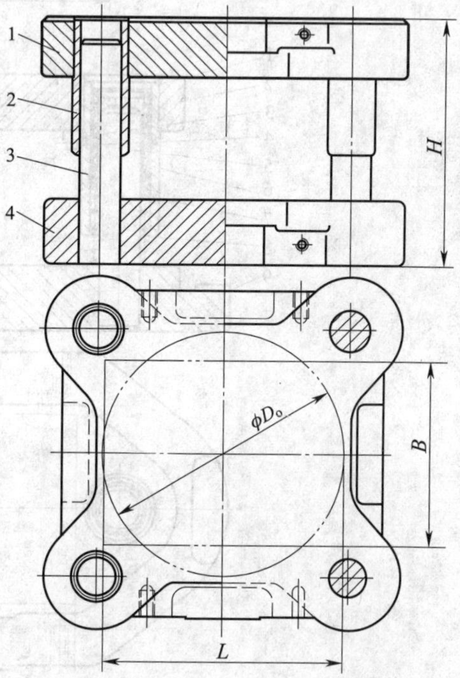

图 1—2—12　四导柱模架

1—上模座　2—导套　3—导柱　4—下模座

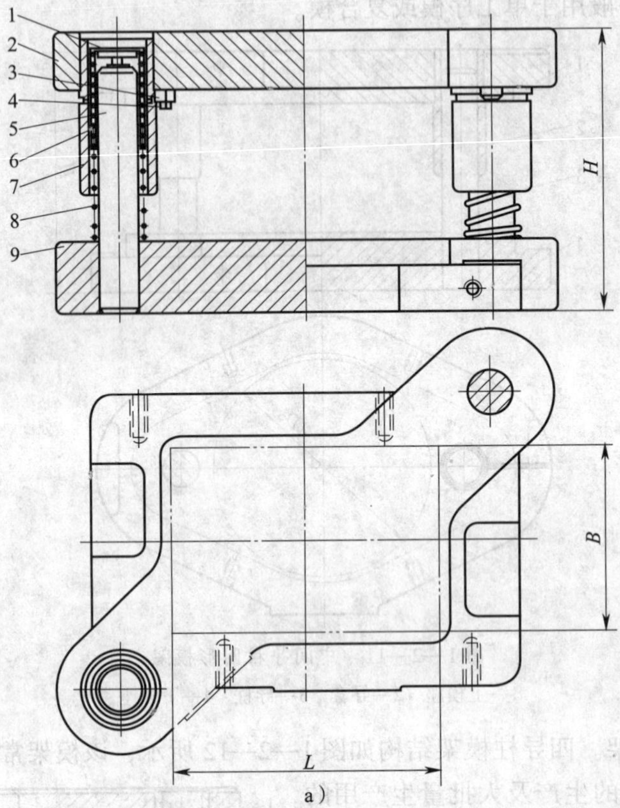

a）

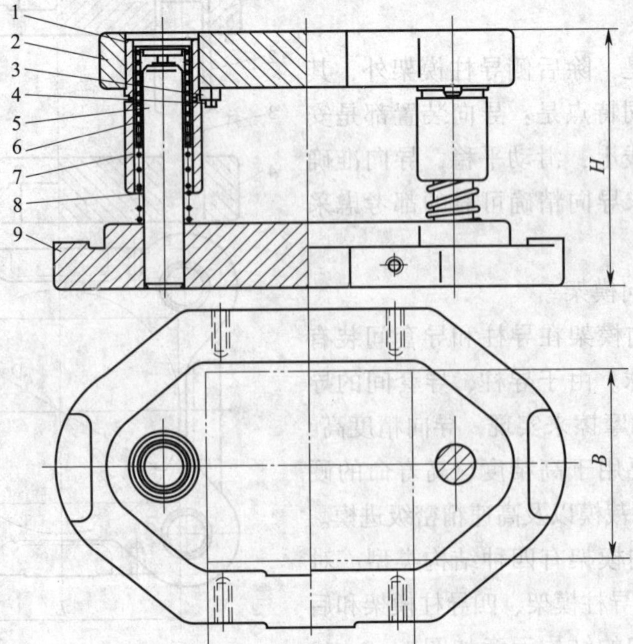

b）

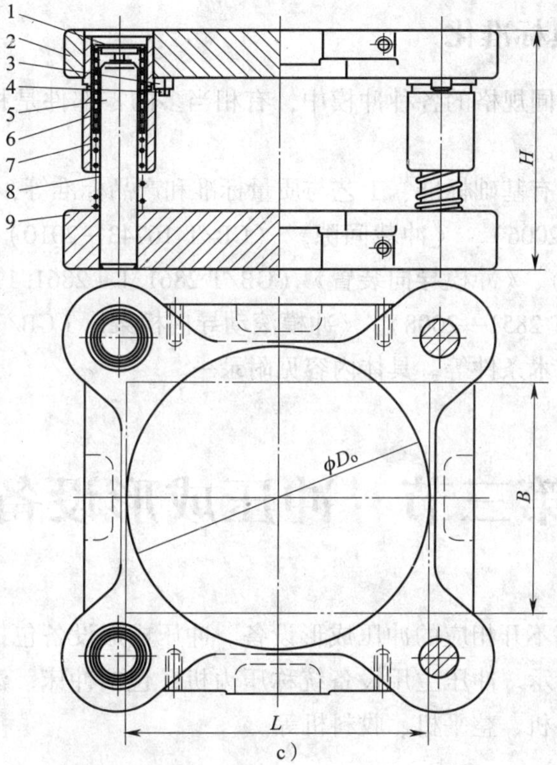

c）

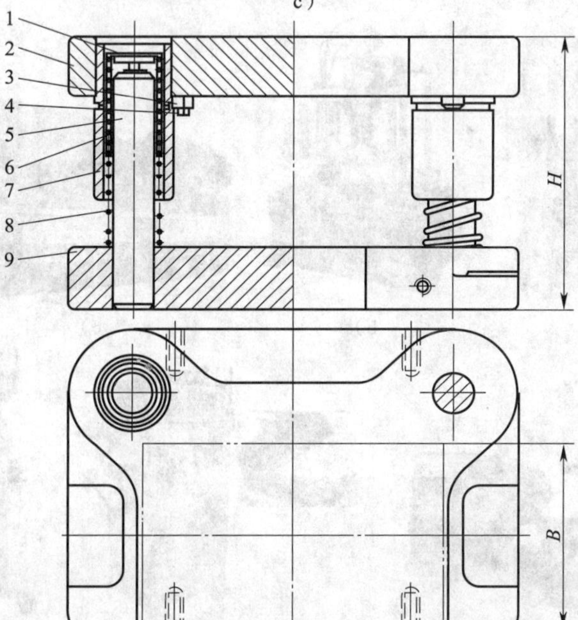

d）

图 1—2—13　冲模滚动导向模架结构

a）对角导柱模架　b）中间导柱模架　c）四导柱模架　d）后侧导柱模架

1—限程器　2—上模座　3—压板　4—螺钉　5—导柱　6—钢球保持圈　7—导套　8—弹簧　9—下模座

三、冲压模具标准化

在不同类型、不同规格的各种冲模中，有相当多的零部件是相同的，这非常有利于标准化工作的开展。

冲模的标准主要有基础标准、工艺与质量标准和产品标准等，主要包括：《冲模术语》（GB/T 8845—2006）、《冲裁间隙》（GB/T 16743—2010）、《冲模技术条件》（GB/T 14662—2006）、《冲模导向装置》（GB/T 2861. 1 ~ 2861. 11—2008）、《冲模滑动导向模架》（GB/T 2851—2008）、《冲模滚动导向模架》（GB/T 2852—2008）及一系列冲模零件及其技术条件等。具体内容见附录一。

第三节　冲压成形设备

进行冲压加工离不开相应的冲压成形设备。冲压成形设备包括主用设备和辅助设备，如图 1—3—1 所示。冲压主用设备统称压力机，包括冲床、油压机、锻床等；冲压辅助设备包括送料机、整平机、收料机等。

图 1—3—1　冲压成形设备

a）冲床　b）油压机　c）锻床　d）送料机　e）整平机　f）收料机

随着冲压成形技术和生产的需要，还出现了如图 1—3—2 所示的数控冲模回转头压力机，它是由计算机控制并带有模具库的数控冲切及步冲压力机，其优点是：能自动、快速地更换模具，通用性强、生产率高，突破了冲压加工离不开专用模具的传统理念。

图 1—3—2　数控冲模回转头压力机

一、冲床的用途和分类

冲床即曲柄压力机，是重要的冲压设备，它能借助于冲压模具进行各种冲压和模锻加工，直接生产出制件或毛坯。

在冲压生产中，为了适应不同的工艺要求，可采用各种不同类型的曲柄压力机，这些压力机都具有自己独特的结构形式及作用。曲柄压力机通常可以根据其工艺用途及结构特点进行分类。

1. 按工艺用途分类

曲柄压力机按工艺用途可分为通用压力机和专用压力机两大类。

通用压力机适用于多种工艺用途，如冲裁、弯曲、成形、浅拉深等。

专用压力机用途较单一，如拉深压力机、板料折弯机、剪切机、挤压机、冷镦自动机、高速压力机、板冲多工位自动机、精压机、热模锻压力机等，都属于专用压力机。

2. 按机身结构形式分类

按机身的结构形式不同，曲柄压力机可分为开式压力机和闭式压力机，具体结构见表 1—3—1。

表 1—3—1　　开式压力机和闭式压力机

机身结构形式	图例	相关说明
开式		机身形状似英文字母 C，机身前面及左右三向敞开，操作空间大，但机身刚度差，压力机在工作负荷的作用下会产生角变形，影响精度。因此，这类压力机的吨位都比较小，一般在 2 000 kN 以下

续表

机身结构形式	图例	相关说明
闭式		机身左右两侧是封闭的，只能从前后方向接近模具，且装模距离远，操作不太方便。但机身形状对称，刚度好，压力机精度高。因此，压力超过 2 500 kN 的大、中型压力机，几乎都采用此种形式，某些精度要求较高的小型压力机也采用此种形式

需要说明的是，开式压力机又可分为单柱压力机和双柱压力机两种。单柱压力机的机身也是前面及左右三向敞开，但后壁无开口；双柱压力机的机身后壁有开口，形成两个立柱，故称双柱压力机。双柱压力机便于向后方排料。此外，开式压力机按照工作台的结构特点还可分为可倾台式压力机（图 1—3—3a）、固定台式压力机（图 1—3—3b）和升降台式压力机。

a）　　b）

图 1—3—3　开式压力机

a）可倾台式　b）固定台式

3. 按运动滑块的个数分类

按运动滑块的个数，曲柄压力机可分为单动、双动和三动压力机，其结构示意如图 1—3—4 所示。目前使用最多的是单动压力机，双动和三动压力机主要用于拉深工艺。

4. 按与滑块相连的曲柄连杆个数分类

按与滑块相连的曲柄连杆个数，曲柄压力机可分单点、双点和四点压力机，它们的结构示意如图 1—3—5 所示。曲柄连杆数的设置主要根据滑块面积的大小和使用目的而定。点数越多，滑块承受偏心负荷的能力越大。

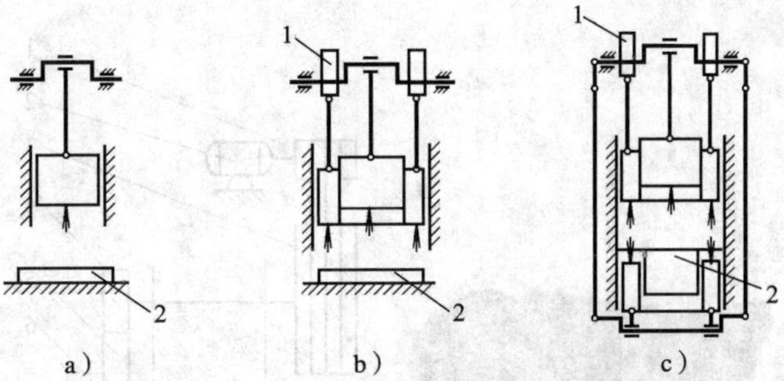

图 1—3—4 按运动滑块个数分类的曲柄压力机

a）单动压力机 b）双动压力机 c）三动压力机

1—凸轮 2—工作台

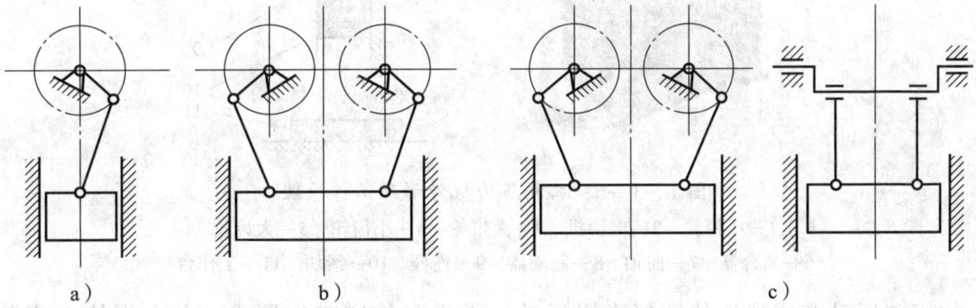

图 1—3—5 按与滑块相连的曲柄连杆个数分类的曲柄压力机

a）单点 b）双点 c）四点

另外，按传动机构的位置，可将曲柄压力机分为上传动式和下传动式两类。其中，下传动式压力机的传动机构设于工作台的下面，其重心低、稳定性好，但要建造相当大的地坑，且维修较困难。

二、冲床的工作原理和结构组成

1. 工作原理

曲柄压力机的外形及其工作原理如图 1—3—6 所示。工作时，电动机通过带、齿轮带动曲轴旋转，曲轴通过连杆带动滑块沿导轨做上下往复运动，带动模具实施冲压，模具（图中未画）安装在滑块和工作台之间。由于工艺及操作需要，滑块有时运动，有时停止，因此装有离合器和制动器。另外，压力机在整个工作周期内进行冲压的时间很短，大部分时间为无负荷的空程运动，为了使电动机的负荷较均匀，有效地利用能量，一般装有飞轮，在该压力机上，大带轮和大齿轮起着飞轮的作用。

2. 结构组成

从上述工作原理可以看出，曲柄压力机一般由以下几个基本部分组成。

(1) 工作机构

一般为曲柄滑块机构，由曲柄、连杆、滑块、导轨等零件组成。其作用是将传动

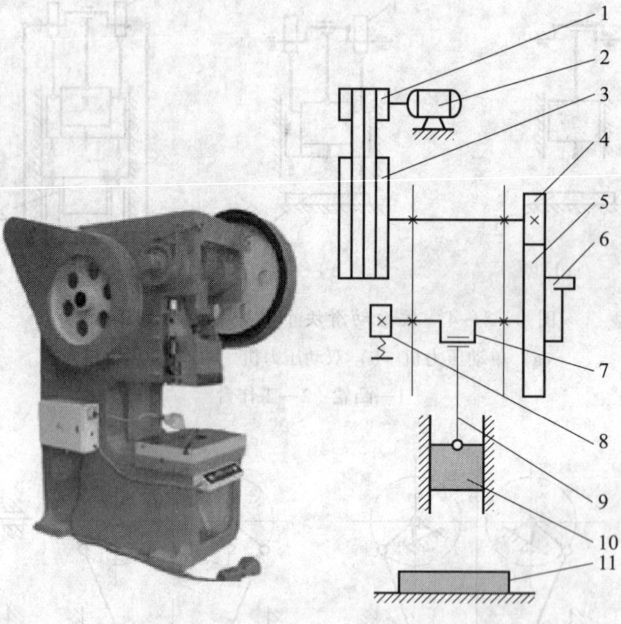

图 1—3—6　曲柄压力机外形及工作原理

1—小带轮　2—电动机　3—大带轮　4—小齿轮　5—大齿轮
6—离合器　7—曲轴　8—制动器　9—连杆　10—滑块　11—工作台

系统的旋转运动变成滑块的往复直线运动，承受和传递工作压力，并在滑块上安装模具。

(2) 传动系统

包括带传动和齿轮传动等机构。其作用是将电动机的能量和运动传递给工作机构，并对电动机的转速进行减速，使滑块获得所需的行程次数。

(3) 操纵系统

操纵系统包括离合器、制动器及其控制装置。其作用是用来控制压力机安全、准确地运转。

(4) 能源系统

能源系统包括电动机和飞轮。飞轮能将电动机空程运转时的能量吸收积蓄，在冲压时释放出来。

(5) 支承部件

作为支承部件的机身，其作用是把压力机所有的机构连接起来，承受全部工作负荷和各种装置部件的重力，并保证压力机所要求的精度和强度。

此外，压力机上还有各种辅助系统与附属装置，如润滑系统、顶件装置、保护装置、滑块平衡装置、安全装置等。

三、冲床的主要技术参数和选用

冲压生产中，要根据所要完成冲压的工序性质、生产批量、冲压件的几何尺寸和精度要求等来选择冲压设备的类型。为了有效、合理地选择冲压设备，必须了解冲压设备的主要技术参数。

1. 主要技术参数

曲柄压力机的主要技术参数反映了压力机的工艺能力，包括加工制件的大小及生产率等，同时也是确定模具结构尺寸的重要依据。生产中应用最为广泛的曲柄压力机的主要技术参数见表 1—3—2。

表 1—3—2　曲柄压力机的主要技术参数

参数名称	相关说明
公称压力	压力机在下死点（滑块的最下位置）前某一位置时滑块的压力。所选压力机的公称压力必须大于实际所需的冲压力
滑块行程	滑块从上死点（滑块的最上位置）到下死点的距离。其值等于压力机曲柄长度的两倍
滑块每分钟行程次数	滑块空载时每分钟的行程次数。滑块由上死点经下死点又回到上死点，往复一次称为一个行程。它反映了曲柄压力机的工作效率
闭合高度	滑块在下死点时滑块底面到压力机工作台上表面的距离
装模高度	滑块移动到下死点时滑块底面到工作台垫板上平面的距离
工作台面尺寸	工作台面尺寸每边应大于冲模下模座尺寸 50 ~ 70 mm，为固定下模留出足够的空间
漏料孔尺寸	设置漏料孔是为了冲件下落或在下模底部安装弹顶装置
模柄孔尺寸	模柄直径应略小于滑块内模柄安装孔直径。模柄长度应小于模柄孔深度

2. 冲床规格的选用原则

选择冲床应根据冲压制件的批量大小、工艺性能、几何形状和精度要求，首先选择冲床的种类（见表 1—3—3），然后根据冲压制件的尺寸及模具尺寸选择冲床的规格。具体原则如下：

（1）冲床的公称压力应等于或稍大于冲压工作所需的变形力。尤其当进行弯曲或拉延工作时，因工作行程超过公称压力行程，应注意选用冲床滑块在各处的压力都要大于冲压变形力。

（2）冲床的行程应满足制件高度方面的要求，即保证冲压工作时毛坯能放进模具，制件能顺利从模具中取出。这对于弯曲、拉延工序尤为重要。

（3）冲床的闭合高度、工作台尺寸和滑块底面尺寸都应满足模具的安装要求，即：最大装模高度 − 5 mm > 模具闭合高度 > 最小装模高度 + 5 mm。

（4）滑块每分钟行程次数应符合生产率和材料变形速度的要求。

（5）一般冲压工作不必考虑电动机功率，因为在保证冲压力的情况下，其功率是足够的。但在特殊情况下，如斜刃冲裁，可能出现工作压力够而功率不够的情况，这时必须保证电动机功率大于冲压所需的功率。

表 1—3—3　　冲压设备类型的选用

设备类型	应用场合
开式曲柄压力机	中小型冲裁件、弯曲件和浅拉深件
闭式曲柄压力机	大中型和精度要求高的冲压件
上传动闭式双动拉深压力机	大型或较复杂的拉深件
下传动闭式双动拉深压力机	中小型拉深件
自动高速压力机或多工位自动压力机	大批量生产或形状复杂、批量很大的中小型冲压件
冲压液压机	批量小、材料厚的冲压件，也可用于弯曲、拉深、成形、校平等工序
精冲压力机	精冲制件

四、冲床的操作规程

冲压生产是通过操作人员依靠冲压设备、冲压模具，对冲压板料施加压力完成的。为了有效地防止人身、设备事故的发生，操作人员必须遵循冲床的安全操作规程和要求。

1. 工作前的准备工作

（1）穿戴好规定的劳动护具，如穿好工作服、工作鞋，戴上工作帽和手套。严禁挽袖子，穿拖鞋、高跟鞋、裙子或赤膊干活。

（2）检查安全操作工具或安全装置是否完好，工位布置是否符合工艺要求，工位器具是否完好、齐全。

（3）检查设备主要紧固螺钉有无松动，模具有无裂纹。

（4）清理压力机工作台台面及工作场地周围的废料及杂物，将模具、工作台擦干净。

（5）不准把杂物放在机床电器、工作台台面及模具上。

（6）检查局部照明情况。

（7）检查润滑系统有无堵塞或缺油，并按规定润滑机床。

（8）开动压力机前，必须查看压力机工作范围内是否有检修人员。

（9）在机床及模具经检查正常的情况下开机试车，通过试车检查压力机离合器、制动器按钮、脚踏开关和拉杆是否灵活好用，特别是刹车系统是否可靠，确认正常后方可开始工作。

2. 上机安全操作规程

（1）工作时应集中精神，不准打闹、说笑和打瞌睡等。注意滑块运行方向，以免滑块下行时伤及身体。

（2）按照工艺规程指定的规范操作，没有保护措施不准连车生产。

（3）严禁将楔块等物嵌入按钮或压、卡脚踏开关及拉杆而限制操作机构。

（4）在生产中发现机床运行不正常时，应立即停车，检查原因并进行修理。

（5）两人操作同一台压力机时，应注意协调配合好。

（6）滑块运行中，手不准扶在打料杆、导柱及冲模危险区域。

（7）禁止两件重叠冲压，以避免损坏压力机与模具。

（8）从冲模内取出卡入的制件或废料时，要用工具，不准用手抠取。而且要把脚从脚踏开关上移开，必要时应在飞轮停止后再进行。

（9）防止刚性离合器失灵而打连车。

（10）每加工一个零件，脚或手要离开操纵机构，以免在取送料时因误动作而发生事故。当手从冲模内取件或往冲模送料时，不准踏下开关。

（11）按工艺要求使用手工工具，如用电磁吸具、镊子、空气吸盘、钳子、钩子送料或取件，以防发生事故。

（12）安装模具时必须将压力机的电器开关调到手动位置，然后将滑块开到下止点，高度必须正确。严禁使用脚踏开关。

（13）模具必须紧固牢靠，并通过试压检查。

需要指出的是，出于对操作者的保护，冲压生产中常采用如下安全操作方式：光电感应、双人操作、双手操作、防爆装置（使用防爆膜）。另外，当前脚踏式冲压设备已很少采用。

3. 操作结束工作

操作结束后，应关闭电源开关，对于有缓冲器的压力机要放出缓冲器内的空气，关闭气阀，并在模具工作部位涂上机械油。

五、冲压设备发展方向

随着科技的发展，冲压设备也越来越先进，不仅朝着大型和高速的方向发展，同时也向着自动化、精密化、人性化的方向发展。

大型压力机主要用于生产汽车大梁等大型冲压件，例如采用 6 000 t 的闭式双点压力机，可冲裁 1 830 mm × 8 890 mm 的钢板，冲裁件尺寸精度可达 ±0. 254 mm。

所谓“高速”压力机，根据现代技术水平，对于 100 t 以下的小型压力机，一般以滑块每分钟行程 500 次以上为高速，如每分钟行程 2 000 次的高速压力机。

所谓自动化，即冲压生产不仅朝着单机自动化和半自动化生产线方向发展，而且朝着全自动生产的方向发展，并能实现计算机分级管理控制自动化冲压车间。如日本的“冲压中心”设备，采用计算机控制，通过人机对话，只需 5 min 便能完成自动换模、换料和调整工艺参数的工作。

在精密冲压方面，采用精冲设备和模具可以代替铣削、滚齿、钻孔和铰孔等工序，板厚达 25 mm，尺寸精度相当于 IT6 ~ IT7 级。

在人性化方面，冲压设备朝着易控、易调、易修、安全，以及噪声低、振动小、造型和谐、色彩宜人等方向发展。国际标准化组织推荐的噪声标准，要求工作者所感受的噪声不超过 85 ~ 95 dB。

第四节　冲压材料与冲压排样

就冲压加工而言，成形的产品类型无外乎外观件和内置件两种，其示例如图 1—4—1 所示。无论是成形外观件，还是成形内置件，冲压产品常用材料包括金属材料和非金属材料两类。其中，金属材料是冲压最常用的材料，根据需要，有时也用非金属材料，如纸、胶木、塑料、橡胶和云母等。

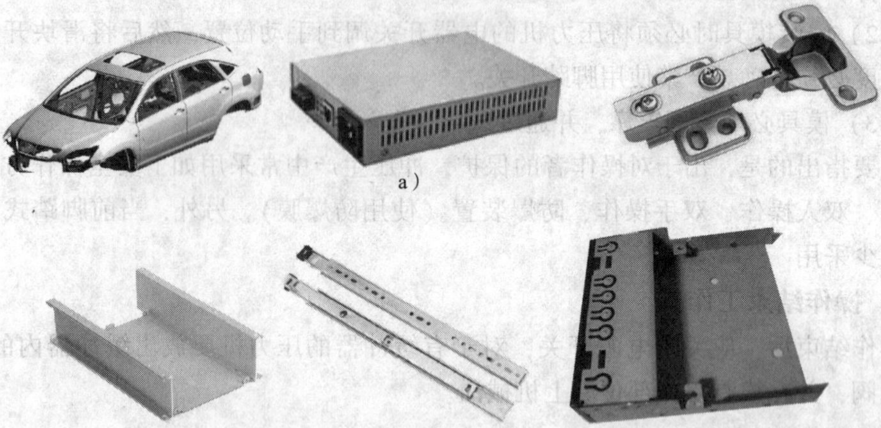

图 1—4—1　冲压制品类型

a）外观件　b）内置件

就冲压用材料的形状而言，最常用的是板料，如冷轧碳素钢板、镀锌钢板、不锈钢板、马口铁板、铝材板、铜材板等；大批量生产时，可采用专门规格的带料（卷料）；特殊情况下可采用块料。

一、板料的冲压成形性能

板料的冲压成形性能是指板料对各种冲压成形加工的适应能力。具体地说，就是能否用简便的工艺方法，高效率地将板料加工成优质冲压件。冲压成形性能涉及很多因素，但主要有两个方面：一是成形极限，二是成形质量。前者希望尽可能减少成形工序，后者要求保证制件质量符合设计要求。

1. 成形极限

在冲压成形中，材料的最大变形极限称为成形极限。对于不同的冲压工序，成形极限采用不同的极限变形系数来表示，例如弯曲工序的最小相对弯曲半径、拉深工序的极限拉深系数等。

确定变形极限系数取决于影响成形过程正常进行的因素。冲压成形时，外力可以直接作用在毛坯的变形区（例如胀形），也可以通过非变形区（包括已变形区，例如拉深，和待变形区，例如缩口），将变形力传给变形区。因此，影响冲压过程正常进行的因素，可能发生在变形区，也可能发生在非变形区。但无论发生在变形区还是非变形区，板料冲压时，材料将出现两种类型的问题：一是受拉部位的缩颈断裂，二是受压部位的失稳起皱。为此，从材料方面来看，要提高冲压成形极限，必须提高板材的塑性指标和增强抗拉、抗压能力。

2. 成形质量

冲压制件不仅要求具有所需形状，而且必须保证产品质量。制件质量指标主要包括尺寸精度、表面质量、形状精度以及冲压后材料的物理力学性能等。

影响冲压制件尺寸和形状精度的主要因素有回弹和畸变。由于在塑性变形的同时伴随着弹性变形，因此，卸载后必然会出现回弹现象，从而导致尺寸和形状精度的降低。另外，模具质量等方面的原因还会引起冲压过程中制件表面的擦伤，例如不锈钢材料拉深时就很容易出现此类问题。

二、冲压加工常用材料

1. 冲压材料应满足的基本要求

作为冲压材料，应满足的基本要求包括性能要求、工艺要求、板料厚度公差要求、表面质量要求，相关内容见表 1—4—1。

表 1—4—1　　冲压板料应满足的基本要求

基本要求	相关内容
性能	一般应具有一定的强度、刚度、冲击韧性等力学性能要求。此外，有的冲压材料还有一些特殊的要求，如传热性、耐热性等
工艺	通常应具有良好的冲压工艺性能要求。一般伸长率大、屈服较小、弹性模量大、硬化指数高有利于各种冲压成形工序。材料的化学成分对冲压工艺性能的影响也较大，如果钢中的碳、硅、硫、磷等元素的含量过高，就会使材料的塑性降低，脆性增加，导致材料的冲压工艺性能变差。此外，良好的表面质量、均匀的金相组织和较小的材料厚度等均有利于冲压成形

续表

基本要求	相关内容
板料厚度	应符合国家标准规定。因为一定的模具间隙适用于一定厚度的材料，材料厚度公差太大，不仅直接影响制件的质量，还可能导致模具和冲床的损坏 对于轧制薄钢板，具体规定见国家标准《冷轧钢板和钢带的尺寸、外形、重量及允许偏差》（GB/T 708—2006）
表面质量	材料的表面应光洁平整，无分层和机械性质的损伤，无锈斑、氧化皮及其他附着物。表面质量好的材料，冲压时不易破裂，不易擦伤模具，工件表面质量好 对于优质碳素结构钢薄钢板，具体规定见《优质碳素结构钢热轧薄钢板和钢带》（GB/T 710—2008）

2. 常用材料及其力学性能

冲压制品常用材料包括金属材料和非金属材料，金属材料又分为黑色金属材料和有色金属材料两类。

常用的黑色金属材料有：普通碳素结构钢（如 Q195、Q235 等）、优质碳素结构钢（如 08、08F、10、20 等）、低合金高强度结构钢（如 Q345、Q295 等）、电工硅钢（如 DR510－50、DR225－35 等）、不锈钢（如 1Cr18Ni9Ti、1Cr13 等）。

常用的有色金属材料有：铜及铜合金（如 T1、T2、H62、H68 等）、铝及铝合金（如 1060、1050A、3A21、2A12 等）。

需要说明的是，金属板料按供应状态可分为退火状态（M）、淬火状态（C）、硬态（Y）、半硬态（Y2）等，另外，板料还有冷轧和热轧两种轧制状态之分。部分常用金属板料的力学性能见表 1—4—2。

表 1—4—2　　部分常用金属板料的力学性能

材料名称	牌号	材料状态	抗剪强度 τ（MPa）	抗拉强度 R_m（MPa）	断后伸长率 $A_{11.3}$（%）	屈服强度 R_{el}（MPa）
电工用纯铁	DT1、DT2、DT3	已退火	180	230	26	—
普通碳素结构钢	Q195	未退火	260～320	320～400	28～33	200
	Q235		310～380	380～470	21～25	240
	Q275		400～500	500～620	15～19	280

续表

材料名称	牌号	材料状态	抗剪强度 τ（MPa）	抗拉强度 R_m（MPa）	断后伸长率 $A_{11.3}$（%）	屈服强度 R_{el}（MPa）
优质碳素结构钢	08F	已退火	220～310	280～390	32	180
	08		260～360	330～450	32	200
	10		260～340	300～440	29	210
	20		280～400	360～510	25	250
	45		440～560	550～700	16	360
	65Mn	已退火	600	750	16	360
不锈钢	1Cr13	已退火	320～380	400～470	21	—
	1Cr18Ni9Ti	热处理退火	430～550	540～700	40	200
纯铝	1060、1050A	已退火	80	75～110	25	50～80
	1200	冷作硬化	100	120～150	4	
铝锰合金	3A12	已退火	70～110	110～145	19	50
硬铝合金	2A12	已退火	105～150	150～215	12	—
		淬硬后冷作硬化	280～320	400～600	10	340
纯铜	T1、T2、T3	软态	160	200	30	7
		硬态	240	300	3	—
黄铜	H62	软态	260	300	35	—
		半硬态	300	380	20	200
	H68	软态	240	300	40	100
		半硬态	280	350	25	

三、冲压排样

1. 排样和搭边

排样是制件或毛坯在板料上的排列与设置，如图 1—4—2 所示为某冲压制件及其排样图。排样时，制件与制件之间或制件与板料边缘之间的工艺余料称为搭边。合理的排样是提高材料利用率、降低成本、保证冲件质量及模具寿命的有效措施。

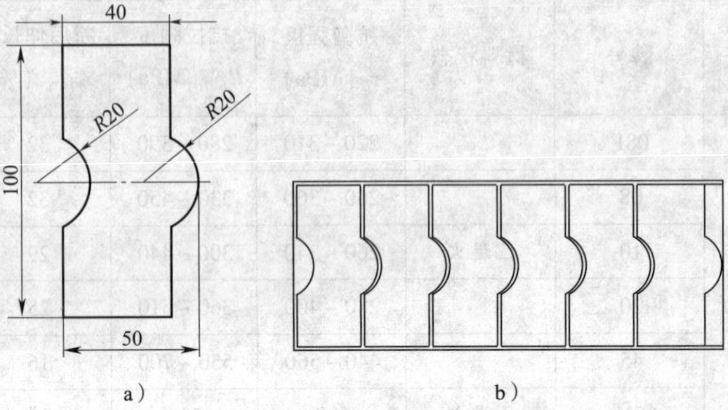

图 1—4—2　冲压制件及其排样图

a）冲压制件图　b）排样图

（1）材料利用率

材料利用率是指冲裁件的实际面积与所用的板料面积的百分比。对冲裁件来说，材料占总成本的60%以上，可见材料利用率是一项很重要的经济指标，是衡量排样合理性的重要指标。

冲裁所产生的废料可分为两类，如图 1—4—3 所示，一类是结构废料（也称设计废料），是由制件的形状特点产生的，例如由于冲制件有内孔而产生的废料；另一类是由于制件之间、制件与条料侧边之间有搭边存在，以及不能避免的料头和料尾而产生的废料，称为工艺废料。

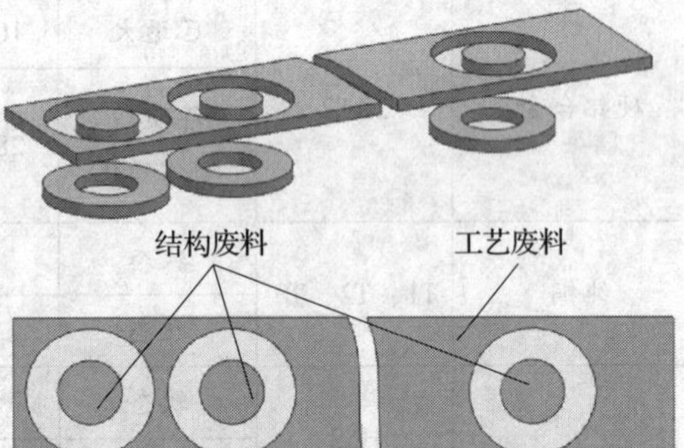

图 1—4—3　废料的种类

要提高材料利用率，主要应从减少工艺废料着手。设计合理的排样方案，选择合适的板料规格和合理的裁板法（减少料头、料尾和边余料），是减少工艺废料的有力措施。例如，对于如图 1—4—4 所示的制件，两种排样法的材料利用率依次为 50% 和 70%。

需要说明的是，对于一定形状的制件，结构废料是不可避免的，但充分利用结构废料也是可能的。当两个不同制件的材料和厚度相同时，在尺寸允许的情况下，较小尺寸的制件可考虑在较大尺寸制件的废料中冲制出来。

（2）排样方法

根据材料的合理利用情况，条料排样方法可以分为有废料排样法、少废料排样法和无废料排样法三种，它们的各自特点说明见表 1—4—3。

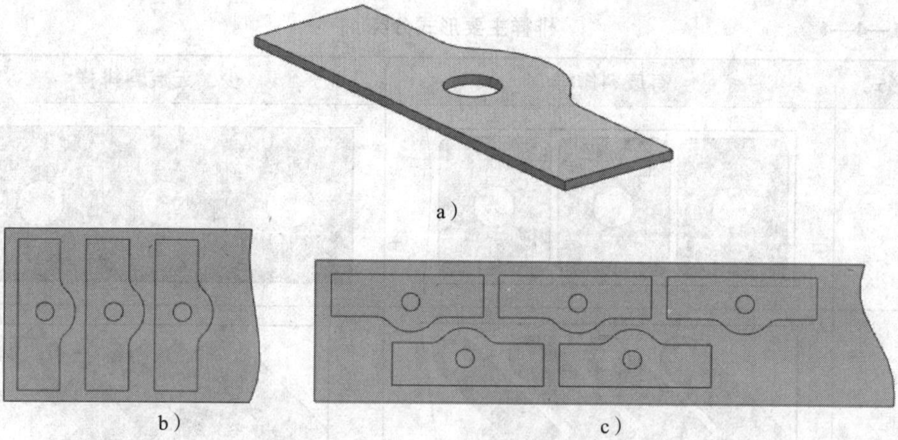

图 1—4—4　排样与材料利用率

a）制件　b）第一种排样　c）第二种排样

表 1—4—3　　三种排样方法特点说明

方法	特点说明	图例
有废料排样法	沿制件全部外形轮廓冲裁，在制件之间、制件与条料侧边之间均有搭边废料存在 所冲制件尺寸完全由冲模保证，冲件质量好，模具寿命长，但材料利用率较低	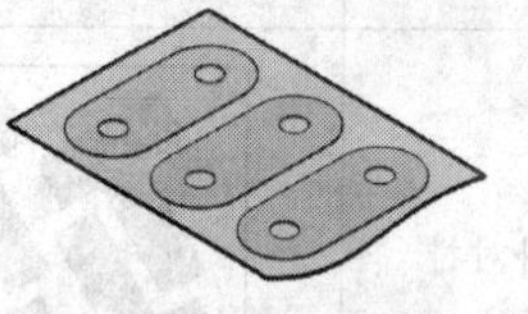
少废料排样法	沿制件部分外形轮廓切断或冲裁，只在制件之间或只在制件与条料侧边之间留有搭边 受剪裁条料质量和定位误差的影响，制件质量稍差，同时模具寿命降低，但材料利用率较高，冲模结构简单	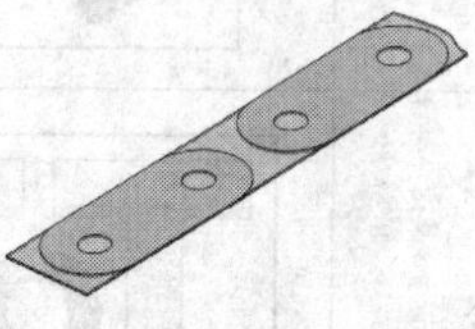
无废料排样法	制件沿条料被顺次切下，制件之间以及制件与条料侧边之间均无搭边存在 制件质量和模具寿命更差一些，但材料利用率最高，当送进步距为两倍制件宽度时，一次切断便能获得两个制件，有利于劳动生产率的提高	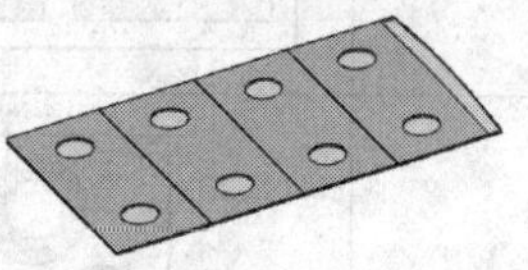

采用少、无废料的排样，可以简化模具结构，减小冲裁力，提高材料利用率。但是，因条料本身的误差，以及条料导向与定位所产生误差的影响，制件精度等级低。同时，由于模具单边受力，不仅会加剧模具磨损，降低模具寿命，而且也会直接影响制件的断面质量。因此，排样时必须统筹兼顾、全面考虑。

对于三种排样方法，还可以进一步按制件在条料上的布置方法加以分类，如直排、斜排、直对排、斜对排、混合排、多行排、裁搭边等，其主要形式参见表 1—4—4。

表 1—4—4　　　　排样主要形式分类

排样形式	有废料排样	少、无废料排样
直排	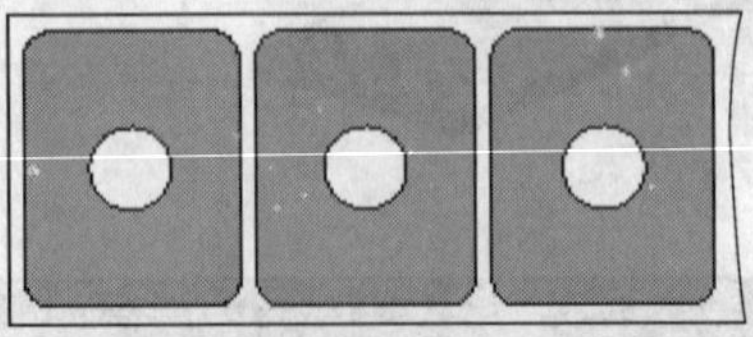	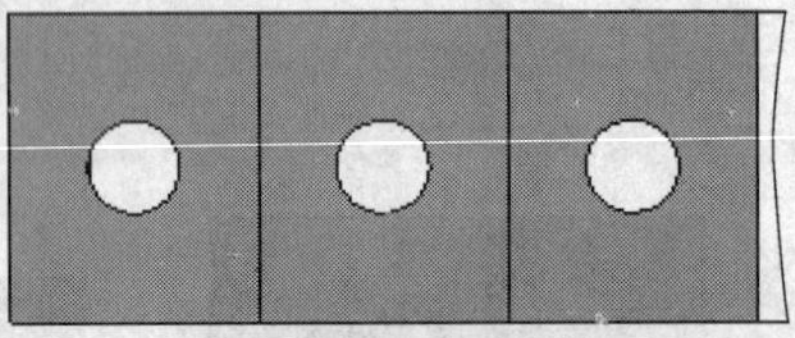
斜排	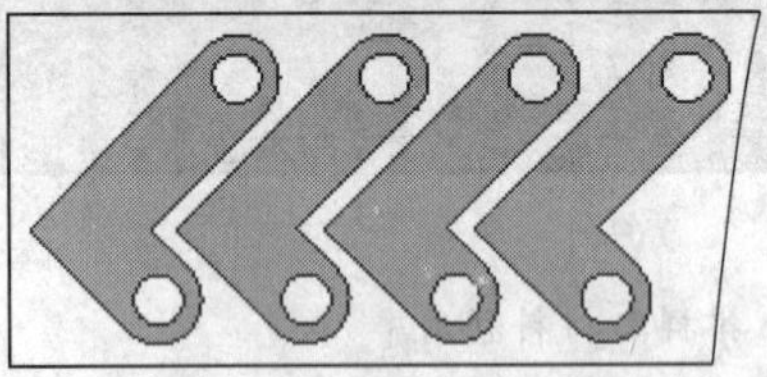	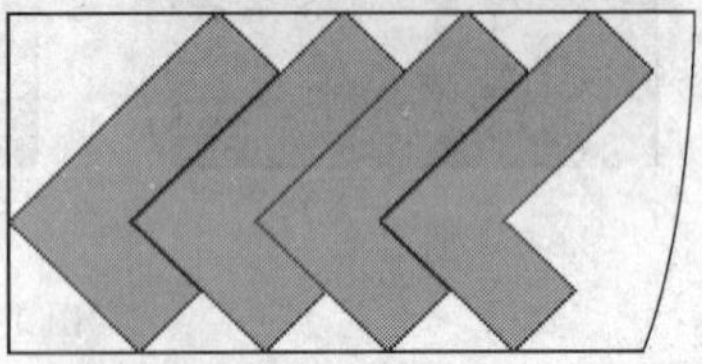
直对排	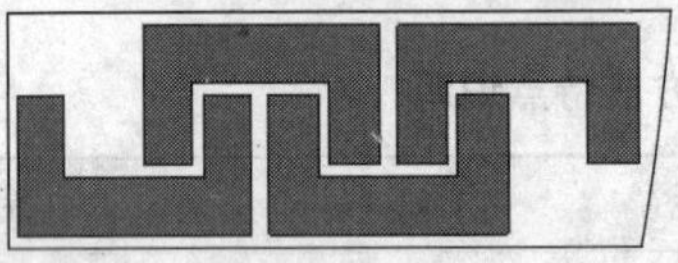	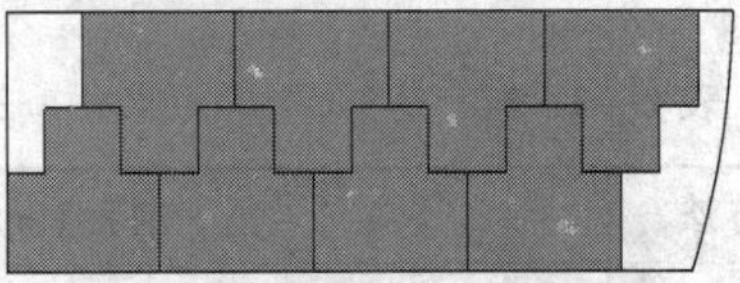
斜对排	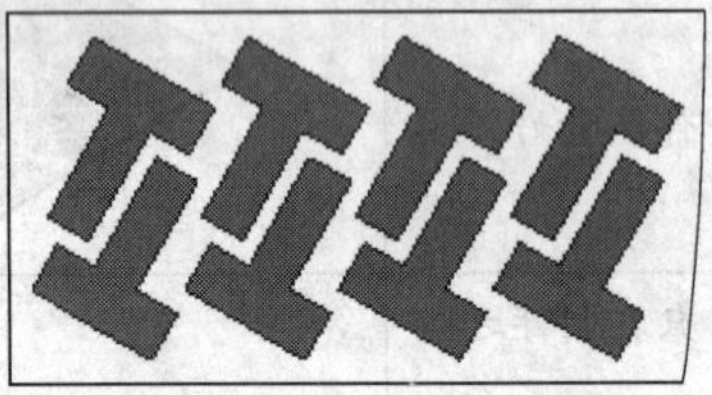	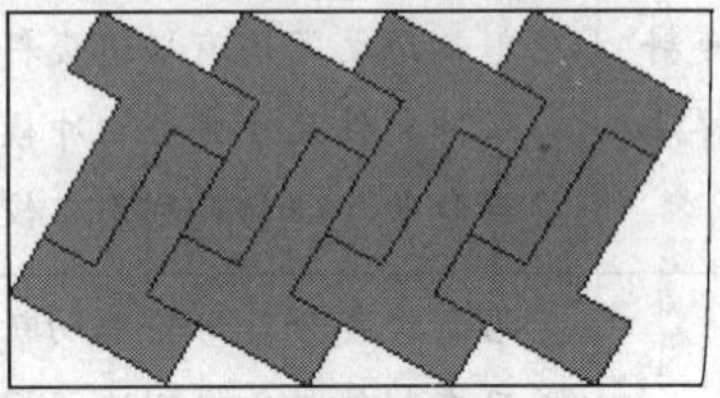
混合排	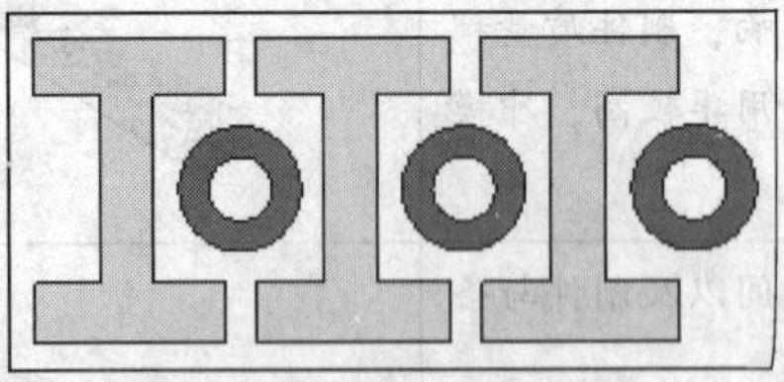	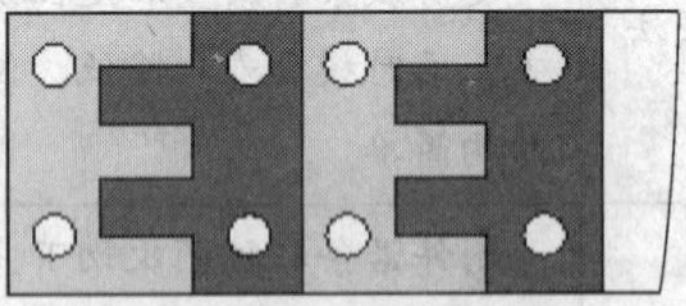
多行排	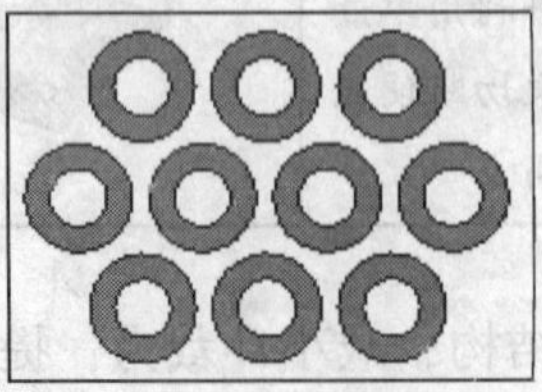	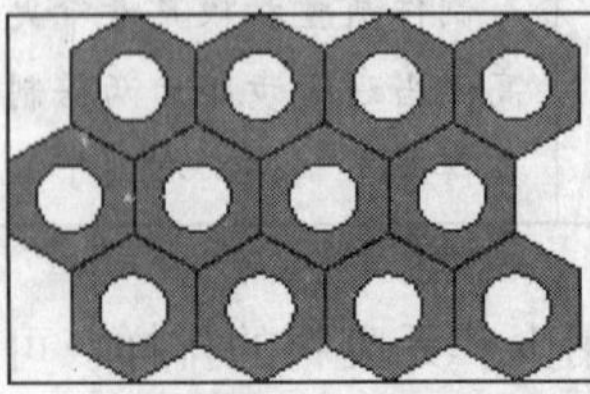
裁搭边	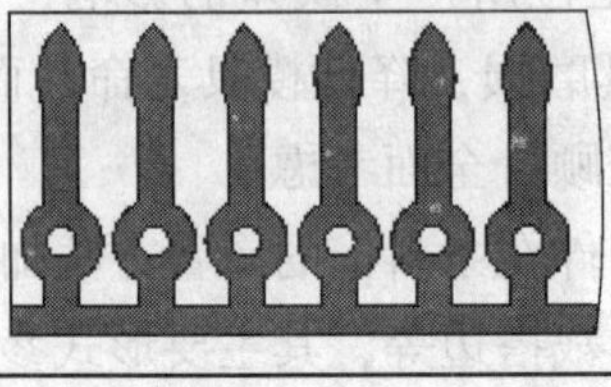	

对于形状复杂的制件，常利用实验方法进行排样，即用厚纸片剪成3~5个样件，摆出各种不同的布置方案，从中确定废料最少的排样。目前，还可以采用计算机排样，如借助UG级进模向导（PDW）等。排样时除考虑提高材料利用率外，同时也要结合生产操作、生产率和模具结构、寿命等方面综合考虑。

2. 搭边值

搭边作为工艺余料，也是废料，从节省材料出发，搭边值越小越好。但在工艺上搭边却有着很大的作用，其主要作用是补偿定位误差，保证冲出合格的制件。搭边还可以保持条料有一定的刚度，以便于送进。

搭边值需要合理确定。搭边值过大，则材料利用率低。搭边值过小，在冲裁中会将材料拉断，使制件产生毛刺，有时还会将拉断的材料挤入凹模和凸模中间，损坏模具刃口，降低模具寿命。一般来说，搭边值是由经验来确定的，影响搭边值大小的因素包括材料的力学性能、材料的厚度、制件的形状和尺寸、送料方式及挡料方式等。冲裁金属材料时常用的最小搭边值可参考表1—4—5。

表1—4—5　　冲裁金属材料的最小搭边值　　mm

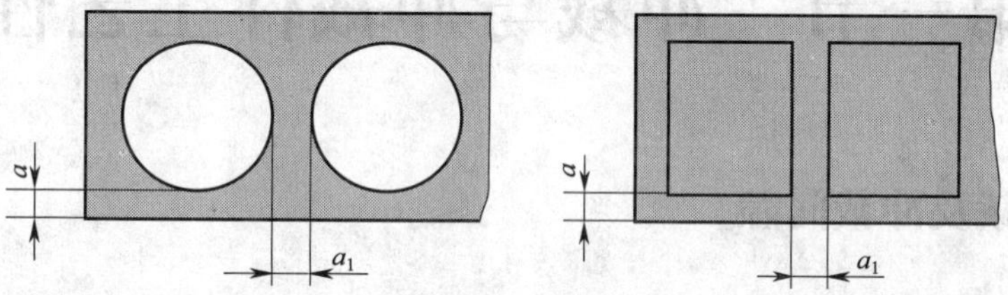

料厚	手送料						自动送料	
	圆形		非圆形		往复送料			
	a	a_1	a	a_1	a	a_1	a	a_1
~1	1.5	1.5	2	1.5	3	2	3	2
>1~2	2	1.5	2.5	2	3.5	2.5	3	2
>2~3	2.5	2	3	2.5	4	2.5	3	2
>3~4	3	2.5	3.5	3	5	4	4	3
>4~5	4	3	5	4	6	5	5	4
>5~6	5	4	6	5	7	6	6	5
>6~8	6	5	7	6	8	7	7	6
>8	7	6	8	7	9	8	8	7

第二章

冲裁工艺与模具结构

冲裁是冲压生产中的主要工序之一。除直接冲制落料件和冲孔件外，冲裁还可为弯曲、拉深、成形等工序冲制毛坯。

有效的冲裁加工，离不开正确的工艺分析，离不开结构合理的冲裁模具。

第一节　冲裁与冲裁件工艺性

一、冲裁及冲裁间隙

1. 冲裁

冲裁是利用冲裁模在冲床上使板料沿一定的封闭曲线进行分离的工序。根据材料分离形式的不同，冲裁可分为普通冲裁和精密冲裁。

普通冲裁时，材料在凸模、凹模刃口之间以撕裂形式实现分离，故工件断面比较粗糙，且不垂直于板料平面，一般适合于中等精度零件的冲制；精密冲裁时，材料以变形形式实现分离，工件断面光洁，且与板料平面垂直，适合于精度较高零件的冲制。

冲裁后，板料分为两部分，即冲落部分（封闭曲线以内部分）和带孔部分（封闭曲线以外部分），其示意如图 2—1—1 所示。

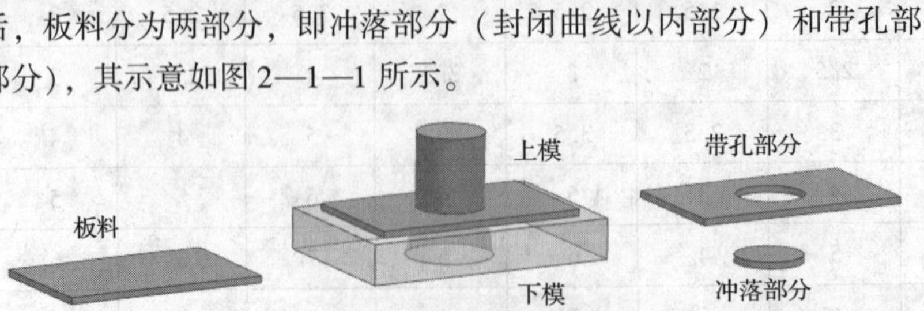

图 2—1—1　冲裁示意

工程中，根据冲裁件性质，将冲裁分为冲孔和落料两种工序，其示意如图 2—1—2 所示。冲裁后，若冲落部分是制件时称为落料；反之，若带孔部分是制件时（冲落部分作为废料）称为冲孔。所以，落料是沿封闭曲线从板料上分离出制件的工序，其制件称为落料件；冲孔是沿封闭曲线从板料上分离出废料的工序，其制件称为冲孔件。

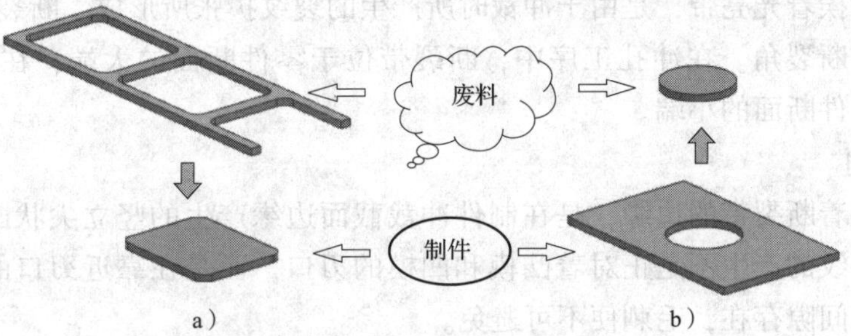

图 2—1—2 冲裁工序示意
a）落料 b）冲孔

2. 冲裁过程及冲裁件断面

普通冲裁时，在凸模、凹模作用下，板料在很短的时间内，大致经过弹性变形、塑性变形和剪裂三个阶段实现分离。从变形角度看，冲裁过程相当复杂，除了剪切变形外，还存在拉伸、弯曲、挤压等。正因为如此，冲裁件的断面可明显地分为塌角、光亮带、断裂带和毛刺四部分，其示意及图例如图 2—1—3 所示。

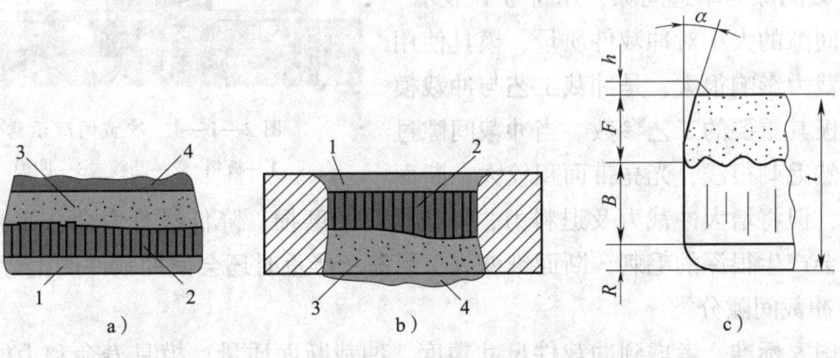

图 2—1—3 冲裁件的断面示意及图例
a）冲落部分 b）带孔部分 c）图例
1—塌角 2—光亮带 3—断裂带 4—毛刺
t—板料厚度 R—塌角高度 B—光亮带高度 F—断裂带高度 α—断裂角 h—毛刺高度

（1）塌角

塌角俗称圆角带，是在制件冲裁截面边缘产生的微圆角，由冲裁时模具刃口附近的材料受弯曲、拉伸作用而形成。冲孔工序中，塌角位于孔断面的小端；落料工序中，塌角位于工件断面的大端。

（2）光亮带

光亮带紧挨着塌角，是制件冲裁截面的光亮部分，也是质量最好的区域。它是由于凸模切入板料，板料被挤入凹模而产生塑性剪切变形所形成。光亮带高度约占整个断面的1/3～1/2，光亮带垂直于底面。

（3）断裂带

断裂带紧挨着光亮带，是由于冲裁时所产生的裂纹扩张所形成。断裂带表面粗糙，并带有一定的断裂角。在冲孔工序中，断裂带位于零件断面的大端；在落料工序中，断裂带位于零件断面的小端。

（4）毛刺

毛刺紧挨着断裂带的边缘，是在制件冲裁截面边缘产生的竖立尖状凸起物，它的产生是由于裂纹的产生不是正对着凸模和凹模的刃口，而是在靠近刃口的侧面。只要有凸模、凹模间隙存在，毛刺便不可避免。

需要说明的是，若不计弹性变形的影响，带孔部分光亮带柱体部分尺寸近似等于凸模尺寸，冲落部分光亮带柱体部分尺寸近似等于凹模尺寸。这也是计算冲裁模工作零件刃口尺寸的依据。

3. 冲裁间隙

冲裁间隙是指冲裁模具中凹模与凸模刃口侧壁之间的距离，其示意如图2—1—4所示。根据国家标准《冲裁间隙》（GB/T 16743—2010），冲裁间隙为单边间隙，用符号 C 表示。

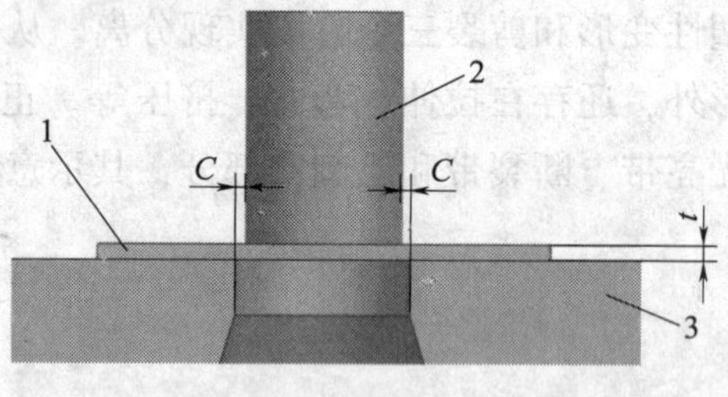

图2—1—4　冲裁间隙示意

1—板料　2—凸模　3—凹模

冲裁间隙的大小对冲裁件质量、模具使用寿命、冲裁力影响很大，是冲裁工艺与冲裁模具设计中极其重要的工艺参数。当冲裁间隙过小时，虽然毛刺很浅，光亮带面积较大，断面质量较高，但将增大冲裁力及退料力，加快模具的磨损，降低模具寿命；而冲裁间隙过大时，会产生很深的毛刺，断面锥度大、粗糙，严重时还会使冲裁件产生弯曲变形。

（1）冲裁间隙分类

根据国家标准，考虑到冲裁件尺寸精度、冲裁断面质量、模具寿命和力能消耗等主要因素，冲裁金属板料时，冲裁间隙分成小间隙（ⅰ类）、较小间隙（ⅱ类）、中等间隙（ⅲ类）、较大间隙（ⅳ类）和大间隙（ⅴ类）五类，相关内容见表2—1—1。

表2—1—1　　金属板料冲裁间隙分类

项目名称	类别和间隙值				
	ⅰ类	ⅱ类	ⅲ类	ⅳ类	ⅴ类
剪切面特征	毛刺细长、断裂角很小、光亮带很大、塌角很小	毛刺中等、断裂角小、光亮带大、塌角小	毛刺一般、断裂角中等、光亮带中等、塌角中等	毛刺较大、断裂角大、光亮带小、塌角大	毛刺大、断裂角大、光亮带最小、塌角大

续表

项目名称		类别和间隙值				
		i 类	ii 类	iii 类	iv 类	v 类
塌角高度 R		(2~5)% t	(4~7)% t	(6~8)% t	(8~10)% t	(10~20)% t
光亮带高度 B		(50~70)% t	(35~55)% t	(25~40)% t	(15~25)% t	(10~20)% t
断裂带高度 F		(25~45)% t	(35~50)% t	(50~60)% t	(60~75)% t	(70~80)% t
毛刺高度 h		细长	中等	一般	较高	高
断裂角 α		—	4°~7°	7°~8°	8°~11°	14°~16°
平面度 f		好	较好	一般	较差	差
尺寸精度	落料件	非常接近凹模尺寸	接近凹模尺寸	稍小于凹模尺寸	小于凹模尺寸	小于凹模尺寸
	冲孔件	非常接近凸模尺寸	接近凸模尺寸	稍大于凸模尺寸	大于凸模尺寸	大于凸模尺寸
冲裁力		大	较大	一般	较小	小
卸、推料力		大	较大	一般	较小	小
冲裁功		大	较大	一般	较小	小
模具寿命		低	较低	较高	高	最高

（2）冲裁间隙档次

实践证明，冲裁间隙在一个适当范围内可得到合格的冲裁件，并使冲裁力降低，延长模具使用寿命，这一间隙范围称为冲模的合理间隙。合理间隙的取值与许多因素有关，其中最主要的是材料的力学性能和板料厚度。考虑到模具在使用过程中的磨损会使间隙增大，故新模具应选用最小合理间隙作为初始间隙。

金属板料冲裁时的初始间隙值可参考表 2—1—2。对于非金属板料冲裁，国家标准同样给出了初始间隙值，其取值可参考《冲裁间隙》（GB/T 16743—2010）。

表 2—1—2　　金属板料冲裁间隙值

材料	抗剪强度 τ（MPa）	初始间隙（单边间隙）（% t）				
		i 类	ii 类	iii 类	iv 类	v 类
低碳钢 08F、10F、10、20、Q235－A	≥210~400	1.0~2.0	3.0~7.0	7.0~10.0	10.0~12.5	21.0
不锈钢 1Cr18Ni9Ti、中碳钢 45、Cr13、膨胀合金（可伐合金）4J29	≥420~560	1.0~2.0	3.5~8.0	8.0~11.0	11.0~15.0	23.0

续表

材料	抗剪强度 τ （MPa）	初始间隙（单边间隙）（%t）				
		i 类	ii 类	iii 类	iv 类	v 类
高碳钢 T8A、T10A、65Mn	≥590～930	2.5～5.0	8.0～12.0	12.0～15.0	15.0～18.0	25.0
纯铝 1060、1050A、1035、1200、铝合金（软态）3A21、黄铜（软态）H62、纯铜（软态）T1、T2、T3	≥65～255	0.5～1.0	2.0～4.0	4.5～6.0	6.5～9.0	17.0
黄铜（硬态）H62、铅黄铜 HPb59－1、纯铜（硬态）T1、T2、T3	≥290～420	0.5～2.0	3.0～5.0	5.0～8.0	8.5～11.0	25.0
铝合金（硬态）ZA12、锡磷青铜 QSn4－4－2.5、铝青铜 QA17、铍青铜 QBe2	≥225～550	0.5～1.0	3.5～6.0	7.0～10.0	11.0～13.5	20.0
镁合金 MB1、MB8	≥120～180	0.5～1.0	1.5～2.5	3.5～4.5	5.0～7.0	16.0
电工硅钢	190	—	2.5～5.0	5.0～9.0	—	—

另外，国家标准《冲裁间隙》（GB/T 16743—2010）对冲裁间隙适用场合、选用原则与方法也做了相应规定。

二、冲裁件工艺性

良好的冲裁工艺性，是指在满足制件使用要求的前提下，能以最简单、最经济的冲裁方式将制件加工出来，即应保证材料消耗少、工序数目少、模具结构简单而寿命高、产品质量稳定、操作简单等。

1. 冲裁件的形状和尺寸要求

（1）冲裁件的形状应力求简单、对称，避免形状复杂的曲线。最好采用圆形、矩形等规则几何形状或它们的组合形状，使排样时废料最少。

（2）冲裁件的内形或外形的转角处应避免尖角，如无特殊需要，应用圆角过渡，这样既方便模具加工，减少热处理或冲压时在尖角处的开裂现象，又可以防止尖角部位刃口的过快磨损而导致模具寿命下降。冲裁件的圆角半径 R 一般应不小于板厚 t 的一半，即 $R \geqslant 0.5t$，且外形上的圆角半径可比内形上的圆角半径值大 10% ~20%。

（3）冲裁件的凸出悬臂和凹槽宽度不宜过小，以免冲制时凸模折断，其合理值可参考表 2—1—3。

表 2—1—3　　冲裁件悬臂和凹槽宽度的最小值　　mm

材料	最小宽度 B
硬钢	（1.5 ~2.0）t
黄铜、软钢	（1.0 ~1.2）t
紫铜、铝	（0.8 ~0.9）t

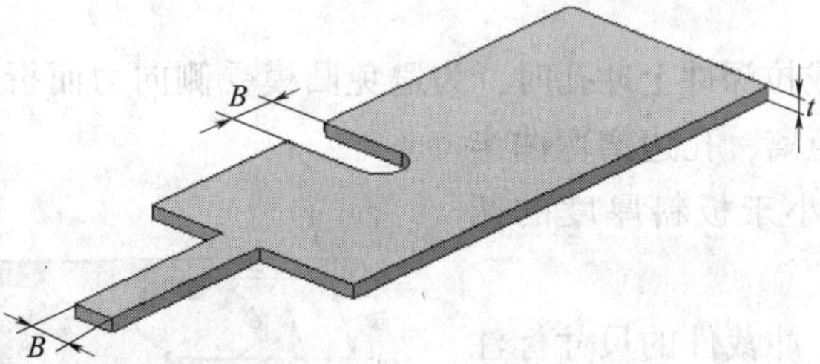

（4）冲孔时，因受冲孔凸模强度限制，孔的尺寸不宜过小。一般冲孔模（无导向凸模）可冲压的最小孔径见表 2—1—4；有导向装置（带护套）的凸模，因其工作稳定性较高，最小冲孔直径可以减小，具体数值见表 2—1—5。

表 2—1—4　　无导向凸模冲孔的最小孔径　　mm

材料	圆形孔（直径 d） 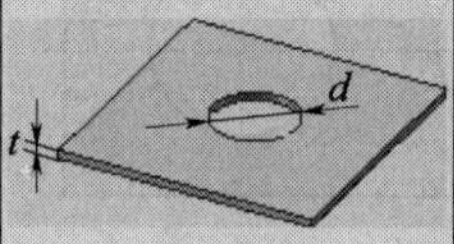	方形孔（边长 b） 	矩形孔（孔宽 b） 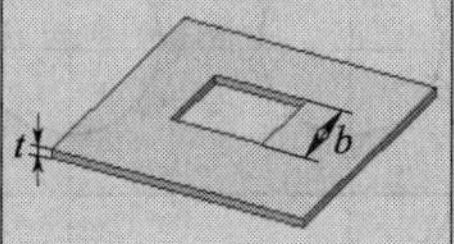	长圆形孔（孔宽 b） 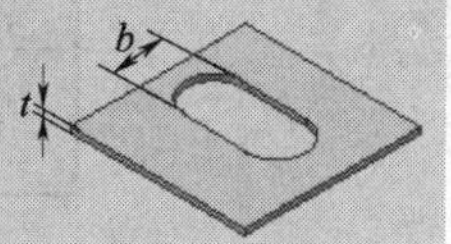
钢 $\tau >$ 700 MPa	1.5t	1.35t	1.2t	1.1t
钢 $\tau =$400 ~700 MPa	1.3t	1.2t	t	0.9t
钢 $\tau <$ 400 MPa	t	0.9t	0.8t	0.7t
黄铜、铜	0.9t	0.8t	0.7t	0.6t
铝、锌	0.8t	0.7t	0.6t	0.5t

注：一般要求孔径不小于 0.3 mm。

表 2—1—5　　带护套凸模冲孔的最小孔径　　mm

材料	圆形孔（直径 d）	矩形孔（孔宽 b）
硬钢	$0.5t$	$0.4t$
软钢、黄铜	$0.35t$	$0.3t$
铝、锌	$0.3t$	$0.28t$

注：一般要求孔径不小于 0.3 mm。

（5）冲裁件的孔与孔之间、孔与边缘之间的距离不应过小。否则，模具的强度和冲裁件的质量不能保证，会产生孔与孔间材料的扭曲，或使边缘材料变形；复合冲裁时，因模壁过薄而容易损坏模具。其许可值示意如图 2—1—5 所示，其中，$C \geqslant 1.5t$（t 为料厚），$C' \geqslant t$。

（6）在弯曲件或拉深件上冲孔时，为避免凸模受侧向力而折断，其孔边与制件直壁间应保持一定的距离，孔边离弯曲半径中心的距离应不小于板料厚度的两倍。

需要提醒的是，冲裁件的尺寸标注还应考虑冲压工艺要求。如图 2—1—6 所示冲裁件，按图 2—1—6a 标注，尺寸 S_2 会随着模具磨损而增大，故此标注方法不够合理；按图 2—1—6b 标注，则尺寸 S_2 与模具磨损无关。

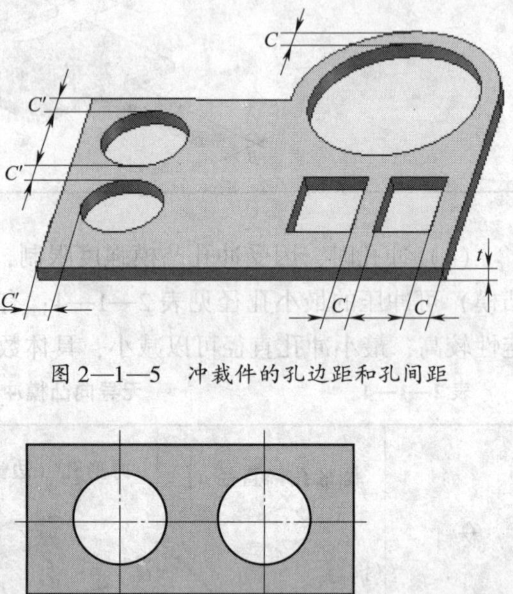

图 2—1—5　冲裁件的孔边距和孔间距

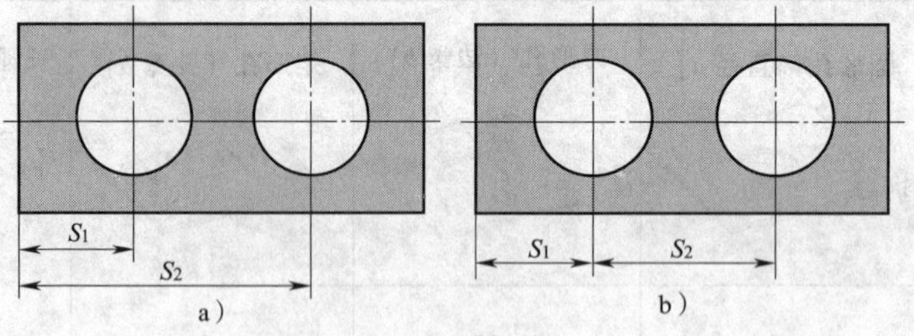

图 2—1—6　冲裁件的尺寸标注

a）不合理　b）合理

2. 冲裁件的精度与断面粗糙度要求

（1）冲裁件的经济精度一般不高于 IT11 级，最高可达 IT8 ~ IT10 级，冲孔比落料的精度约高一级。凡在产品图样上未注公差的尺寸，在计算凸模与凹模尺寸时，极限偏差数值通常按《产品几何技术规范（GPS）极限与配合　第 1 部分：公差、偏差和配合的基础》（GB/T 1800.1—2009）IT14 级。冲裁件的尺寸公差、孔中心距的公差及孔中心与边缘距离尺寸公差分别见表 2—1—6 ~ 表 2—1—8。

表 2—1—6　　冲裁件内、外形所能达到的经济精度

<table>
<tr><th rowspan="2">材料厚度
t（mm）</th><th colspan="5">基本尺寸（mm）</th></tr>
<tr><th>≤3</th><th>3～6</th><th>6～10</th><th>10～18</th><th>18～500</th></tr>
<tr><td>≤1</td><td colspan="3">IT12～IT13</td><td colspan="2">IT11</td></tr>
<tr><td>1～2</td><td>IT14</td><td colspan="3">IT12～IT13</td><td>IT11</td></tr>
<tr><td>2～3</td><td colspan="3">IT14</td><td colspan="2">IT12～IT13</td></tr>
<tr><td>3～5</td><td>—</td><td colspan="3">IT14</td><td>IT12～IT13</td></tr>
</table>

表 2—1—7　　孔中心距公差　　mm

材料厚度 t	孔距基本尺寸					
	一般精度模具			较高精度模具		
	≤50	50～150	150～300	≤50	50～150	150～300
≤1	±0.1	±0.15	±0.2	±0.03	±0.05	±0.08
1～2	±0.12	±0.2	±0.3	±0.04	±0.06	±0.1
2～4	±0.15	±0.25	±0.35	±0.06	±0.08	±0.12
4～6	±0.2	±0.3	±0.4	±0.08	±0.1	±0.15

表 2—1—8　　孔中心与边缘距离尺寸公差　　mm

材料厚度 t	孔中心与边缘距离尺寸			
	≤50	50～120	120～220	220～360
≤2	±0.5	±0.6	±0.7	±0.8
2～4	±0.6	±0.7	±0.8	±1.0
>4	±0.7	±0.8	±1.0	±1.2

（2）冲裁件的断面粗糙度一般为 *Ra*12.5～50 μm，最高可达 *Ra*3.2 μm，具体见表2—1—9。

表 2—1—9　　一般冲裁件断面粗糙度

材料厚度 t（mm）	≤1	1～2	2～3	3～4	4～5
断面粗糙度 *Ra*（μm）	3.2	6.3	12.5	25	50

如果冲裁件断面粗糙度要求高于表 2—1—9 所列，则需要另加修整工序。常用材料通过修整后的表面粗糙度 *Ra* 的参考值如下：黄铜 0.4 μm，软钢 0.4～0.8 μm，硬钢 0.8～1.6 μm。

3. 对冲裁件材料的基本要求

冷冲压材料一般应具有一定的强度、刚度、冲击韧性。此外，有的冷冲压材料还应满足一些特殊要求，如传热性、耐热性等。

另外，冷冲压用材料通常应具有良好的冲压工艺性能。一般来说，伸长率大、屈服比小、弹性模量大、硬化指数高的材料有利于各种冲压成形工序。其次，材料的化学成分对冲压工艺性能的影响也很大，例如钢中的碳、硅、锰、硫、磷等元素的含量过高，就会使材料的塑性降低，脆性增加，导致材料冲压工艺性能变差。此外，良好的表面质量、均匀的金相组织和较小的材料厚度都有利于冲压成形。

第二节　冲裁工艺计算

冲裁工艺计算的内容包括：冲模刃口尺寸计算、条料尺寸计算、冲压力与压力中心计算。

一、冲模刃口尺寸计算

冲模刃口尺寸及其精度，不仅决定着冲裁制件的尺寸精度，而且决定模具的间隙。因此，正确设计和保证冲模刃口尺寸及其精度，对冲裁制件的尺寸精度和模具寿命至关重要。

1. 计算原则

由于冲裁时落料件的尺寸接近于凹模刃口尺寸，冲孔件的尺寸接近于凸模刃口尺寸，因此，计算模具刃口尺寸时，应按落料和冲孔两种情况分别计算，其计算原则及相关说明见表 2—2—1。

表 2—2—1　　凸、凹模刃口尺寸计算原则及说明

原则	说　明
落料件尺寸取决于凹模尺寸 冲孔件尺寸取决于凸模尺寸	设计落料模时，应先确定凹模尺寸，再以保证合理间隙为依据确定凸模尺寸 设计冲孔模时，应先确定凸模尺寸，再以保证合理间隙为依据确定凹模尺寸
考虑刃口磨损对冲裁制件尺寸的影响	规则形状（圆形、方形）凹模刃口磨损后尺寸变大，故其刃口的基本尺寸应接近或等于冲裁件的最小极限尺寸 规则形状（圆形、方形）凸模刃口磨损后尺寸变小，故其刃口的基本尺寸应接近或等于冲裁件的最大极限尺寸
考虑冲裁制件精度与模具精度间的关系	选择凸、凹模制造公差时，既要保证冲裁件的精度要求，又要保证合理间隙值。通常冲裁模精度比冲裁件精度至少高 1 ~ 2 级，若制件没有标注公差，对于非圆形件，按国家标准中非配合尺寸的 IT14 级精度来处理；对于圆形件，一般可按 IT10 级精度来处理。模具制造精度与制件精度的关系见表 2—2—2，规则形状制件冲裁时凸、凹模制造公差见表 2—2—3

表 2—2—2　　模具制造精度与制件精度的关系

模具制造精度	材料厚度 t（mm）								
	0.5	0.8	1.0	1.5	2	3	4	5	6～12
IT6～IT7	IT8		IT9	IT10					
IT7～IT8		IT9	IT10		IT12				
IT9				IT12					IT14

表 2—2—3　　规则形状制件冲裁时凸、凹模制造公差　　mm

公称尺寸	凸模 δ_p	凹模 δ_d	公称尺寸	凸模 δ_p	凹模 δ_d
≤18	0.020	0.020	>180～260	0.030	0.045
>18～30	0.020	0.025	>260～360	0.035	0.050
>30～80	0.020	0.030	>360～500	0.040	0.060
>80～120	0.025	0.035	>500	0.050	0.070
>120～180	0.030	0.040			

2. 计算方法

凸、凹模刃口部分尺寸，按对其加工方法的不同，应分别进行计算。对于圆形或简单形状制件，其凸模和凹模往往采用分开加工的方法；对于形状复杂或较薄的制件，为便于保证凸、凹模间的间隙值，其凸模和凹模通常采用配合加工的方法。

凸、凹模刃口尺寸的具体计算方法可参考表 2—2—4。

表 2—2—4　　凸、凹模刃口尺寸计算方法

加工方法	工序性质	制件尺寸标准形式	凸模尺寸	凹模尺寸
分开加工	落料	$D_{-\Delta}^{\ 0}$	$D_p=(D_{max}-x\Delta-Z_{min})_{-\delta_p}^{\ 0}$	$D_d=(D_{max}—x\Delta)_{\ 0}^{+\delta_d}$
	冲孔	$d_{\ 0}^{+\Delta}$	$d_p=(d_{min}+x\Delta)_{-\delta_p}^{\ 0}$	$d_d=(d_{min}+x\Delta+Z_{min})_{\ 0}^{+\delta_d}$
配合加工	落料	磨损后变大 $A_{-\Delta}^{\ 0}$	按凹模尺寸配制，保证冲裁间隙为 $Z_{min}\sim Z_{max}$	$A_d=(A-x\Delta)_{\ 0}^{+0.25\Delta}$
		磨损后变小 $B_{\ 0}^{+\Delta}$		$B_d=(B+x\Delta)_{-0.25\Delta}^{\ 0}$
		磨损后不变 $C\pm\Delta$		$C_d=C\pm0.25\Delta$

续表

加工方法	工序性质	制件尺寸标准形式	凸模尺寸	凹模尺寸
配合加工	冲孔	磨损后变大 $A_{-\Delta}^{\ 0}$	$A_p=(A-x\Delta)_{\ 0}^{+0.25\Delta}$	按凸模尺寸配制，保证冲裁间隙为 $Z_{min}\sim Z_{max}$
		磨损后变小 $B_{\ 0}^{+\Delta}$	$B_p=(B+x\Delta)_{-0.25\Delta}^{\ 0}$	
		磨损后不变 $C\pm\Delta$	$C_d=C\pm0.25\Delta$	

注：

(1) 凸、凹模的制造偏差和磨损均使间隙变大，故新模具的初始间隙应取最小合理间隙，一般条件下的冲裁合理间隙值见表 2—2—5。

(2) 落料时凹模尺寸为制件要求尺寸，间隙值由减小凸模尺寸获得；冲孔时凸模尺寸为制件孔要求尺寸，间隙值由增大凹模尺寸获得。

(3) 分开加工时，应保证满足 $\delta_p+\delta_d\leqslant Z_{max}-Z_{min}$，或应满足四六分配原则：$\delta_p=0.4\ (Z_{max}-Z_{min})$，$\delta_d=0.6\ (Z_{max}-Z_{min})$。

(4) 配合加工时，落料模以凹模为基准件配制凸模，冲孔模以凸模为基准件配制凹模。基准件尺寸，按其磨损后尺寸变大、变小、不变的规律分别进行计算。计算前，务必将相关尺寸转换成表格中的标准形式，以免发生计算错误。

(5) 配合加工时，基准件中磨损后变大的尺寸，按简单件落料凹模尺寸公式计算；磨损后变小的尺寸，按简单件冲孔凸模公式计算，制造公差均取制件相应尺寸公差的 1/4。对于配合加工中的配合件，只需在图样上注明：凸模（或凹模）按凹模（或凸模）实际尺寸配制，保证最小间隙 Z_{min} 的字样。

(6) 为了避免冲裁制件尺寸偏向极限尺寸，x 值在 0.5 ~ 1 之间选取，并与制件精度有关，可查阅表 2—2—6。或按下面说明选取：制件精度 IT10 以上，$x=1$；制件精度 IT11 ~ IT13，$x=0.75$；制件精度 IT14，$x=0.5$。

表 2—2—5　冲裁合理间隙值（双面）　mm

材料名称	45、T7、T8（退火）、65Mn、磷青铜（硬）、铍青铜（硬）		10、15、20 冷轧带钢、30 钢板、H62、H68（硬）、硅钢片		Q215、Q235、08、10、15、H62、H68（半硬）、纯铜（硬）、磷青铜（软）、铍青铜（软）		H62、H68（软）、纯铜（软）、防锈铝 LF21、LF2、软铝 L2 ~ L6、LY12（退火）		酚醛环氧层压玻璃布板、酚醛层压纸板		钢纸板、绝缘纸板、云母板、橡胶板	
厚度	初始间隙 Z											
t	Z_{min}	Z_{max}	Z_{min}	Z_{max}	Z_{min}	Z_{max}	Z_{min}	Z_{max}	Z_{min}	Z_{max}	Z_{min}	Z_{max}
0.1	0.015	0.035	0.01	0.03	—	—	—	—	—	—	—	—
0.2	0.025	0.045	0.015	0.035	0.01	0.03	—	—	—	—	—	—
0.3	0.04	0.06	0.03	0.05	0.02	0.04	0.01	0.03	—	—	—	—
0.5	0.08	0.10	0.06	0.08	0.04	0.06	0.025	0.045	0.01	0.02	—	—
0.8	0.13	0.16	0.10	0.13	0.07	0.10	0.045	0.075	0.015	0.03	—	—

续表

材料名称	45、T7、T8（退火）、65Mn、磷青铜（硬）、铍青铜（硬）		10、15、20冷轧带钢、30钢板、H62、H68（硬）、硅钢片		Q215、Q235、08、10、15、H62、H68（半硬）、纯铜（硬）、磷青铜（软）、铍青铜（软）		H62、H68（软）、纯铜（软）、防锈铝LF21、LF2、软铝L2～L6、LY12（退火）		酚醛环氧层压玻璃布板、酚醛层压纸板		钢纸板、绝缘纸板、云母板、橡胶板	
厚度 t	初始间隙 Z											
	Z_{min}	Z_{max}	Z_{min}	Z_{max}	Z_{min}	Z_{max}	Z_{min}	Z_{max}	Z_{min}	Z_{max}	Z_{min}	Z_{max}
1.0	0.17	0.20	0.13	0.16	0.10	0.13	0.065	0.095	0.025	0.04		
1.2	0.21	0.24	0.16	0.19	0.13	0.16	0.075	0.105	0.035	0.05		
1.5	0.27	0.31	0.21	0.25	0.15	0.19	0.10	0.14	0.04	0.06	0.01 ~ 0.03	0.015 ~ 0.045
1.8	0.34	0.38	0.27	0.31	0.20	0.24	0.13	0.17	0.05	0.07		
2.0	0.38	0.42	0.30	0.34	0.22	0.26	0.14	0.18	0.06	0.08		
2.5	0.49	0.55	0.39	0.45	0.29	0.35	0.18	0.24	0.07	0.10		
3.0	0.62	0.68	0.49	0.55	0.36	0.42	0.23	0.29	0.10	0.13		
3.5	0.73	0.81	0.58	0.66	0.43	0.51	0.27	0.35	0.12	0.16	0.04	0.06
4.0	0.86	0.94	0.68	0.76	0.50	0.58	0.32	0.40	0.14	0.18		
4.5	1.00	1.08	0.78	0.86	0.58	0.66	0.37	0.45	0.16	0.20	—	—
5.0	1.13	1.23	0.90	1.00	0.65	0.75	0.42	0.52	0.18	0.23	0.05	0.07
6.0	1.40	1.50	1.10	1.20	0.82	0.92	0.53	0.63	0.24	0.29		
8.0	2.00	2.12	1.6	1.72	1.17	1.29	0.76	0.88	—	—	—	—
10	2.60	2.72	2.10	2.22	1.56	1.68	1.02	1.14	—	—	—	—
12	3.30	3.42	2.60	2.72	1.97	2.09	1.30	1.43	—	—	—	—

表2—2—6　　系数 x

材料厚度 t（mm）	非圆形			圆形	
	1	0.75	0.5	0.75	0.5
	制件公差 Δ（mm）				
≤1	≤0.16	0.17～0.35	≥0.36	<0.16	≥0.16
>1～2	≤0.20	0.21～0.41	≥0.42	<0.20	≥0.20
>2～4	≤0.24	0.25～0.49	≥0.50	<0.24	≥0.24
>4	≤0.30	0.31～0.59	≥0.60	<0.30	≥0.30

需要提醒的是，各种手册、文献和技术资料中推荐的合理间隙值并不一定一致，有的甚至相差很大。这是由于各种冲压件对其断面质量和冲裁精度要求不同，生产条件存在差异所致。另外，冲裁间隙值也可按经验公式确定。当冲裁板料厚度不大于3 mm时，冲裁间隙值取料厚的6% ~12%（软材料取小值，硬材料取大值）；当冲裁板料厚度大于3 mm 时，冲裁间隙值取料厚的15% ~25%。

二、条料尺寸计算

条料尺寸计算的目的在于确定条料的宽度，进而确定导料板间的距离。具体计算时，应考虑三种情况。

1. 有侧压装置模具

采用有侧压装置的模具，即在一侧导料板装有侧压装置的模具，能使条料始终接触基准导料板送料，其结构示意如图 2—2—1 所示。为了保证条料有足够的搭边，条料宽度可按简化公式 $B_{-\Delta}^{\ 0}=(D_{max}+2a)_{-\Delta}^{\ 0}$计算，其中，搭边值 a 已经考虑了剪料公差所引起的减小值，条料宽度的偏差值 Δ 见表 2—2—7。

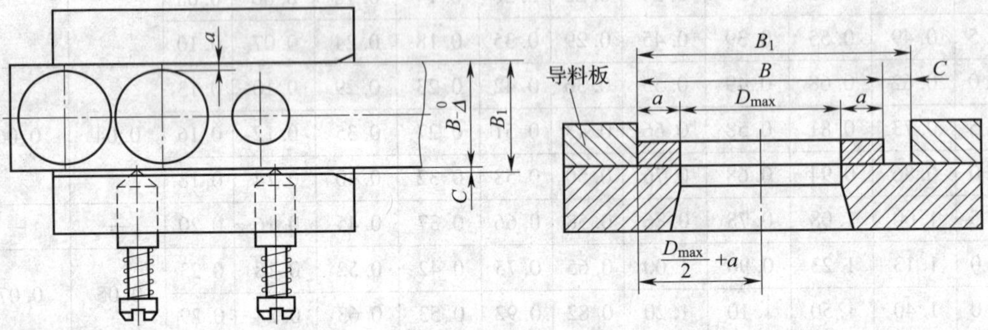

图 2—2—1　有侧压装置的模具结构

表 2—2—7　条料宽度的偏差值 Δ　mm

条料宽度 B	材料厚度 t			
	<1	≥1 ~ 2	≥2 ~ 3	≥3 ~ 5
<50	0.4	0.5	0.7	0.9
≥50 ~ 100	0.5	0.6	0.8	1.0
≥100 ~ 150	0.6	0.7	0.9	1.1
≥150 ~ 220	0.7	0.8	1.0	1.2
≥220 ~ 300	0.8	0.9	1.1	1.3

相应地，导料板间的距离可按公式 $B_1=D_{max}+2a+C$ 计算，其中，C 为导料板与最宽条料之间的间隙，其最小值可按表 2—2—8 选取。

表 2—2—8　　　　导料间隙 C　　　　mm

材料厚度 t	无侧压装置			有侧压装置	
	条料宽度 B				
	<100	≥100~200	≥200~300	<100	≥100
<0.5	0.5	0.5	1	5	8
≥0.5~1					
≥1~2		1			
≥2~3					
≥3~4					
≥4~5					

2. 无侧压装置模具

采用无侧压装置的模具，其结构示意如图 2—2—2 所示，应考虑在送料过程中因条料的摆动而使侧面搭边减少的问题。在极端情况下，即条料为最小尺寸，送料为最偏斜位置时，对角线方向的搭边将减少 2 倍左右的公差。为了补偿侧面搭边的减少，保证有足够的搭边，条料宽度应增加一个条料可能的摆动量，其值可按简化公式 $B_{-\Delta}^{\ 0} = (D_{max} + 2a + C)_{-\Delta}^{\ 0}$ 计算。

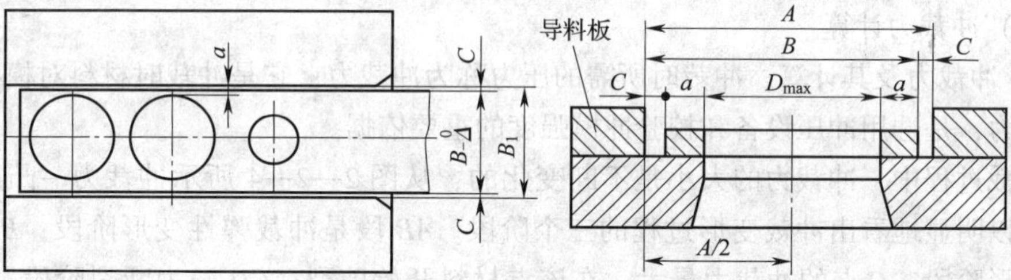

图 2—2—2　无侧压装置的模具结构

相应地，导料板间的距离可按公式 $B_1 = D_{max} + 2a + 2C$ 计算。

3. 采用侧刃定距模具

采用侧刃定距的模具，其结构示意如图 2—2—3 所示，条料宽度必须增加侧刃切

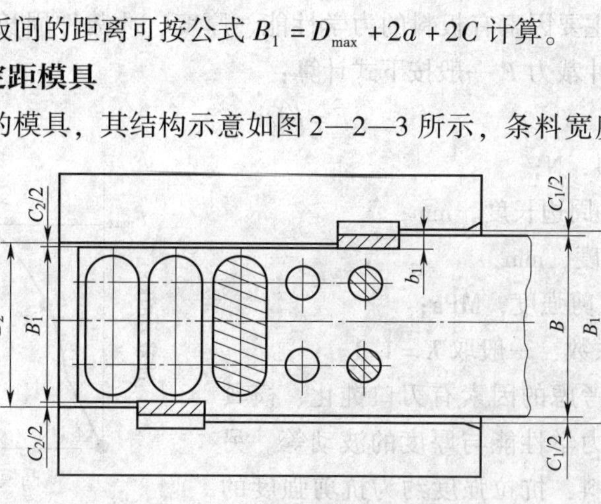

图 2—2—3　采用侧刃定距的模具结构

去的部分，其值可按简化公式 $B_{-\Delta}^{\ 0}=(D_{max}+2a+2b_1)_{-\Delta}^{\ 0}$ 计算，其中，b_1 为侧刃余量，其值可按表 2—2—9 选取。

表 2—2—9　　侧刃余量 b_1 及出端导料间隙 C_2　　mm

材料厚度 t	b_1		C_2
	金属材料	非金属材料	
≤1.5	1.5	2	0.1
>1.5~2.5	2.0	3	0.15
>2.5~3	2.5	4	0.20

相应地，导料板的入端导料尺寸为 $B_1=D_{max}+2a+2b_1+C_1$，其中，C_1 按表 2—2—8（C 值）选取；导料板的出端导料尺寸为 $B_2=D_{max}+2a+C_2$。

三、冲压力与压力中心计算

1. 冲压力的计算

在冲裁过程中，冲压力是冲裁力、卸料力、推件力和顶件力的总称。计算冲压力的目的是为了合理选择冲压设备及设计模具。

（1）冲裁力计算

1）冲裁力及其计算。冲裁时所需的压力称为冲裁力，它是冲裁时材料对模具的最大抵抗力，是选用冲压设备和校验冲模强度的重要依据。

冲裁过程中，冲裁力的大小是不断变化的，从图 2—2—4 所示冲裁力—凸模行程曲线可以明显地看出冲裁变形过程的三个阶段。AB 段是冲裁弹性变形阶段；BC 段是塑性变形阶段；C 点的冲裁力最大，在该点材料开始剪裂；CD 段为断裂阶段。DE 段的压力，主要用于克服摩擦力及将冲裁件（或冲孔废料）从凹模中排出。

影响冲裁力的主要因素有板料的力学性能、厚度、冲裁件周长及其他因素。对于普通平刃口冲裁，冲裁力 F 一般按下式计算：

$$F=KLt\tau \qquad (2\text{—}2\text{—}1)$$

式中　F——冲裁力，N；

L——冲裁件周边长度，mm；

t——板料厚度，mm；

τ——材料抗剪强度，MPa；

K——安全系数，一般取 $K=1.3$。

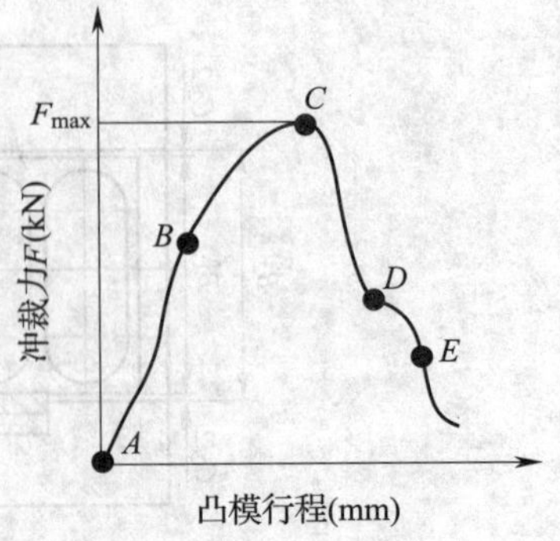

图 2—2—4　冲裁力—凸模行程曲线

安全系数主要考虑的因素有刃口钝化、模具间隙不均匀、材料力学性能与厚度的波动等。另外，对于同一种材料，抗拉强度约为抗剪强度的 1.3 倍，即 $R_m\approx1.3\tau$。

2）减小冲裁力的措施。在冲裁高强度材料或厚度大、周边长的制件时，所需冲裁力往往很大，并可能出现超过现有压力机吨位的情况。为此，有必要采取措施降低冲裁力。常采用的方法有阶梯凸模冲裁、斜刃冲裁和加热冲裁。

①阶梯凸模冲裁。阶梯凸模冲裁也称阶梯冲裁，是指在多凸模冲裁模中，采用不同长度（高度）的凸模，使其工作端面呈阶梯式布置，如图 2—2—5 所示。这样，各凸模冲裁力的最大值不同时出现，从而达到降低冲裁力的目的。

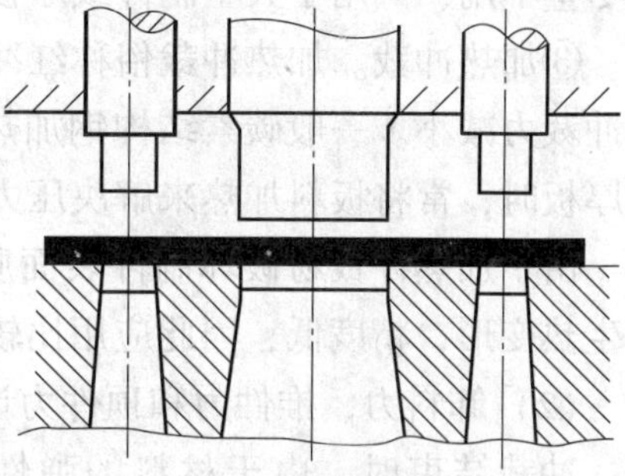

图 2—2—5　凸模的阶梯布置示意

需要注意的是，在直径相差较大距离又很近的多孔冲裁中，一般将小凸模作短些，以避免小直径凸模因受被冲材料流动产生的水平力作用而产生折断或倾斜。另外，各层凸模的布置应尽量对称，使模具受力平衡。

阶梯凸模冲裁的冲裁力，一般只按最大冲裁力进行计算。

②斜刃冲裁。斜刃冲裁是指采用刃口不在同一平面内的凸模或凹模进行冲裁。采用斜刃冲裁时，由于模具整个刃口不与制件周边同时接触，而是逐步将材料切离，因此，冲裁力显著下降。

为了获得平整制件，落料模凸模应为平刃，将斜刃开在凹模上；冲孔模则相反，凹模应为平刃，凸模为斜刃，其结构示意如图 2—2—6 所示。另外，斜刃应当对称布置，以免冲裁时模具承受单向侧压力而发生偏移，啃伤刃口。当然，切舌或切开用斜刃除外。

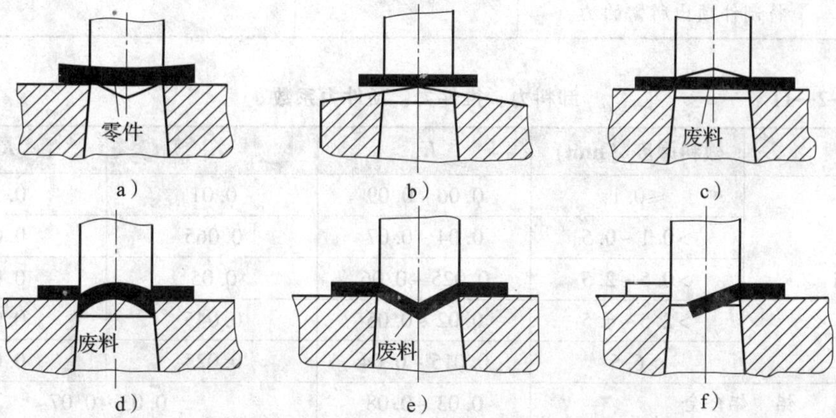

图 2—2—6　各种斜刃的形式

a）、b）落料用　c）、d）、e）冲孔用　f）切舌用

斜刃冲裁虽有降低冲裁力并使冲裁过程平稳的优点，但模具制造复杂，刃口易磨损，修磨困难，制件不够平整，且不适于冲裁外形复杂的制件，因此，在一般情况下

应尽量不用，只用于大型制件或厚板的冲裁。

③加热冲裁。加热冲裁俗称红冲，是利用材料加热后其抗剪强度显著降低的特点，使冲裁力减小。一般碳素结构钢加热到900℃时，其抗剪强度能降低90%，所以在冲裁厚板时，常将板料加热来解决压力机吨位不足的问题。

由于加热冲裁易破坏制件表面质量，同时会产生热变形，精度低，因此应用比较少。

(2) 卸料力、推件力和顶件力计算

冲裁结束时，由于材料的弹性回复及摩擦作用，冲落部分可能会梗塞在凹模孔中，而带孔部分则可能会紧箍在凸模上。为使冲裁工作顺利进行，必须将它们推出和（或）卸下，如图2—2—7所示。这些力的影响因素很多，类似于冲裁力，常按经验公式计算，具体情况见表2—2—10。

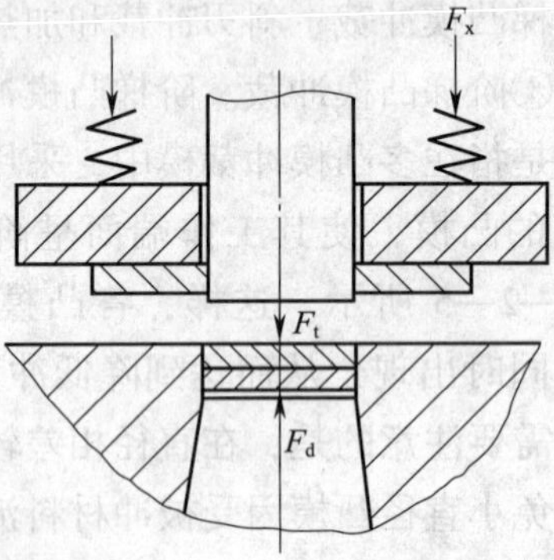

图2—2—7　卸料力、推件力和顶件力

表2—2—10　卸料力、推件力、顶件力及其计算公式

力的类型	含义	计算用经验公式	相关说明
卸料力	从凸模或凸凹模上将制件或废料卸下来所需的力	$F_x = K_x F$	式中，F 为冲裁力；K_x、K_t、K_d 分别为卸料力、推件力、顶件力系数，见表2—2—11；n 为同时卡在凹模内的冲落部分数，其值为凹模洞口直刃壁高度与板料厚度之比值
推件力	从凹模内顺冲裁方向将制件或废料推出所需的力	$F_t = K_t F n$	
顶件力	从凹模内逆冲裁方向将制件顶出所需的力	$F_d = K_d F$	

表2—2—11　卸料力、推件力、顶件力系数

材料	板料厚度（mm）	K_x	K_t	K_d
钢	≤0.1	0.06~0.09	0.01	0.14
	>0.1~0.5	0.04~0.07	0.065	0.08
	>0.5~2.5	0.025~0.06	0.05	0.06
	>2.5~6.5	0.02~0.05	0.045	0.05
	>6.5	0.015~0.04	0.025	0.03
铝、铝合金		0.03~0.08	0.03~0.07	
黄铜、铜		0.02~0.06	0.03~0.09	

(3) 总冲压力计算

在计算压力机所需总压力时，须考虑冲裁力、卸料力、推件力和顶件力。如果采用橡胶、弹簧或气动卸料器时，还须加上这些缓冲装置的压缩力。即：

采用刚性卸料装置时：$F_{\Sigma}=F+F_{x}$ （2—2—2）

采用弹性卸料装置时：$F_{\Sigma}=F+F_{x}+F_{t}$ 或 $F_{\Sigma}=F+F_{x}+F_{d}$ （2—2—3）

2. 压力中心计算

冲压合力的作用点称为模具的压力中心。为保证冲模正确和平衡地工作，设计冲模时，应尽量使冲模的压力中心通过模柄轴线即与压力机的中心线重合，否则会产生偏心载荷，使模具间隙不匀，刃口磨损，严重时会造成啃刃，以及加速压力机和模具等导向部分磨损。对于制件外形尺寸大、形状复杂、多凸模的冲裁模和级进模，正确确定压力中心尤为重要。

确定压力中心的常用方法是解析计算法，其计算根据是“力矩定理”，也可借助Solidworks、UG等软件方便、快捷地得到压力中心位置。

（1）简单几何图形压力中心位置

简单几何图形压力中心位置的确定比较简单、方便，即：冲裁形状对称的制件时，其压力中心位于制件轮廓图形的几何中心；冲裁直线段时，其压力中心位于直线段的中点；冲裁圆弧线段时，如图2—2—8所示，其压力中心的位置，可按 $x_0=R\dfrac{180°\sin\alpha}{\pi\alpha}=R\dfrac{b}{l}$ 进行计算。

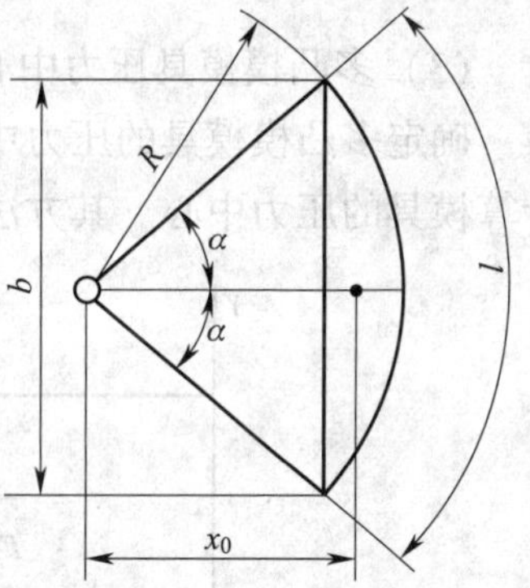

图2—2—8 冲裁圆弧线段时的压力中心

（2）复杂形状制件模具压力中心确定

除常用的解析法之外，还有图解法和合成法可供选用。

采用解析法确定压力中心时，首先将凸模刃口外形轮廓分为直线段和圆弧段，并确定各段长度；然后分别确定直线段和圆弧段的压力中心位置；最后根据“力矩定理”确定凸模压力中心坐标。具体步骤见表2—2—12。

表2—2—12 解析法计算压力中心步骤

步骤	内容说明
1	选定坐标轴 X 和 Y
2	将组成制件图形的轮廓线划分为若干简单的线段，求出各线段长度 l_1、l_2、…、l_m
3	确定各线段的重心位置（x_1，y_1）、（x_2，y_2）、…、（x_m，y_m），如图2—2—9所示
4	根据“力矩定理”：各分力对某坐标轴的力矩之代数和等于各分力的合力对该轴的力矩，求出压力中心的坐标（x_c，y_c）为： $x_c=\dfrac{l_1x_1+l_2x_2+\cdots+l_mx_m}{l_1+l_2+\cdots+l_m}$ $y_c=\dfrac{l_1y_1+l_2y_2+\cdots+l_my_m}{l_1+l_2+\cdots+l_m}$

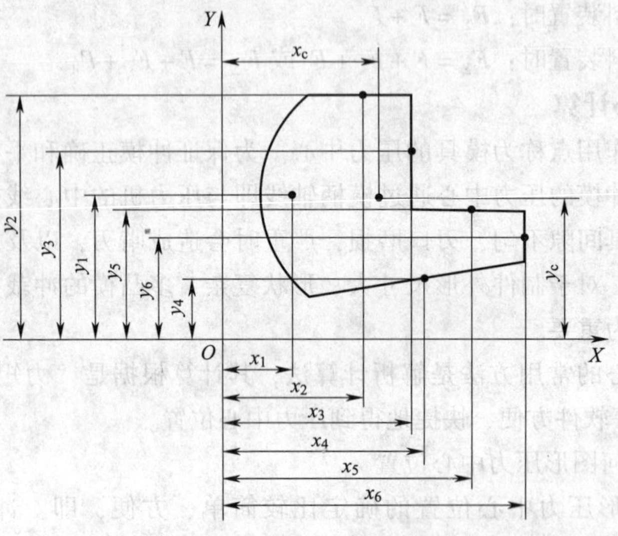

图 2—2—9　解析法求压力中心

（3）多凸模模具压力中心确定

确定多凸模模具的压力中心（图 2—2—10），是将各凸模的压力中心确定后，再计算模具的压力中心。其方法这里不再赘述。

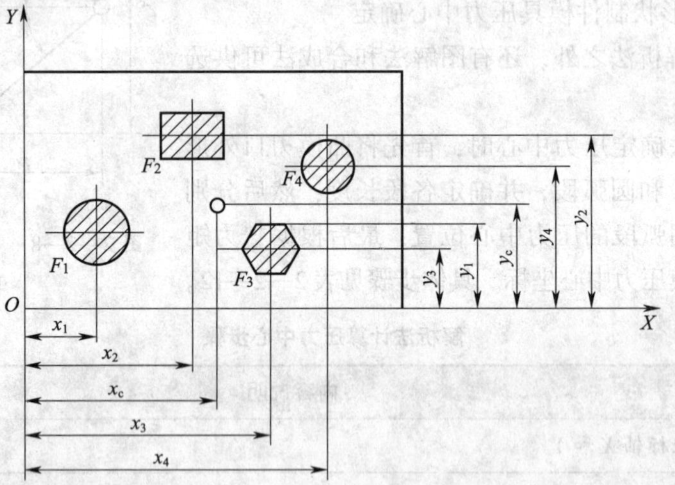

图 2—2—10　多凸模模具压力中心确定

第三节　冲裁模典型结构

冲裁模结构形式很多，为便于讨论和研究，工程上通常按不同特征对冲裁模进行分类，具体见表 2—3—1。

表 2—3—1 冲裁模分类

分类特征	模具名称
工序性质	落料模、冲孔模、切断模、切口模、切边模等
工序组合程度	单工序模、级进模、复合模等
模具导向方式	无导向模、导板模、导柱模等
模具专业化程度	通用模、专用模、自动模、组合模、简易模等
模具工作零件材料	钢质冲模、硬质合金冲模、锌基合金冲模、橡胶冲模、钢带冲模等
模具结构尺寸	大型冲模、中小型冲模等
工作零件结构和布置方式	整体模和镶拼模，正装模和倒装模
自动化程度	手工操作模、半自动模和自动模

上述各种分类方法从不同的角度反映了模具结构的不同特点。冲裁模结构的合理性和先进性，对冲裁件的质量与精度、冲裁加工的生产率与经济效益、模具的使用寿命与操作安全等有着密切的关系。下面从工序组合方式的角度，分析各类冲裁模的结构及其特点。

一、单工序冲裁模

单工序冲裁模又称简单冲裁模，是指在冲床每次行程中只能完成同一种冲裁工序的模具，如落料模（图 2—3—1）、冲孔模等。按其导向方式可分为无导向模、导板模和导柱模。

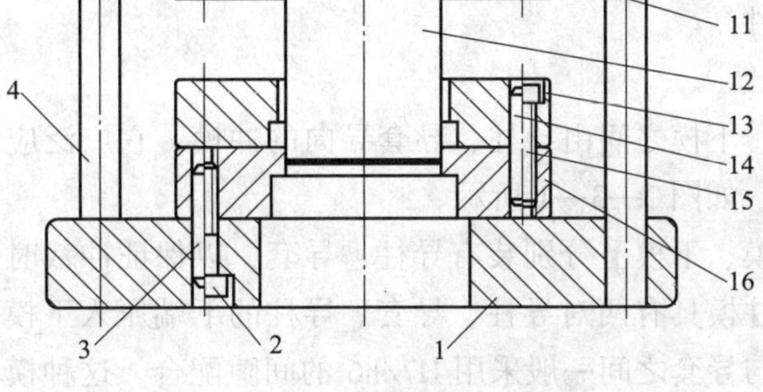

图 2—3—1 落料模

1—下模座 2—内六角螺栓 3—定位销 4—导柱 5—导套 6—上模座 7—定位销 8—模柄 9—垫板 10—内六角螺栓 11—凸模固定板 12—凸模 13—固定卸料板 14—定位销 15—内六角螺栓 16—凹模

1. 落料模

(1) 无导向模

无导向模是指上、下模之间不设导向装置的冲模，也称开式模或敞开模，一般用于生产批量小、精度要求不高、外形比较简单的制件，如图 2—3—2 所示。

这种模具本身无导向装置，工作时靠冲床导轨起导向作用，故不易保证模具间隙均匀，制件精度不高，模具安装麻烦，且模具刃口易磨损，工作时不够安全。

(2) 导板模

导板模是指上、下模之间由导板导向的冲模，如图 2—3—3 所示。这种模具依靠装在凹模上部的导板来保证冲模在冲裁时的正确位置，在冲裁过程中，凸模始终在导板孔内运动。为保证导向准确，导板孔与凸模一般采用 H7/h6 的间隙配合。

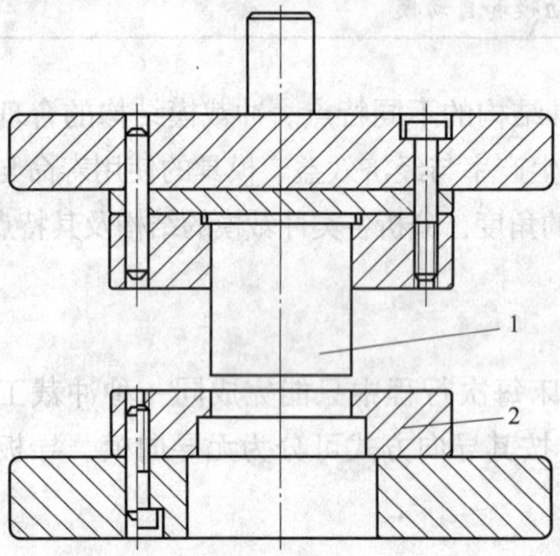

图 2—3—2 无导向模

1—凸模 2—凹模

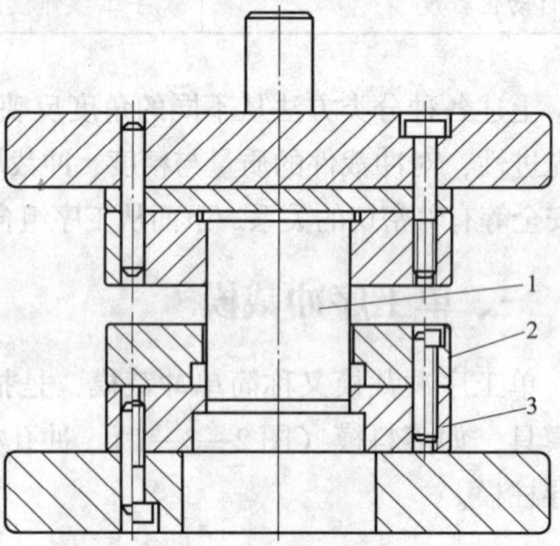

图 2—3—3 导板模

1—凸模 2—导板 3—凹模

导板模精度较高，使用寿命较长，容易安装，工作时安全性好，且导板还能兼起卸料作用。但导板孔需要与凸模配制，制造比较困难。

为保证工作时凸模不脱离导板，要求冲床行程要小，故导板模只适用于冲裁小件或形状不复杂的制件。

(3) 导柱模

导柱模是指上、下模之间由导柱、导套导向的冲模，它广泛应用于较大批量生产高精度制件的场合，如图 2—3—1 所示。

这种模具在上模、下模上分别装有导柱、导套，以保证冲裁时凸模、凹模之间间隙的均匀性。该导柱模具有两对导柱、导套。导柱的下端压入下模座孔内，导套压入上模座孔内。导柱与导套之间一般采用 H7/h6 的间隙配合。这种模具安装时不用重新调整凸、凹模间隙，且使用寿命长。导柱模的制造成本相对较高。

2. 冲孔模

一般来说，冲孔模结构与落料模相似。但冲孔模有着自身的特点，特别是小孔冲模，必须考虑凸模的强度和刚度，以及采用快速更换凸模结构。另外，在已成形制件壁上冲孔时，还要考虑水平运动方向转换机构。

（1）小孔冲模

小孔冲模结构示例及所冲制件如图 2—3—4 所示，制件料厚 4 mm，最小孔径为 0.5 t。模具结构采用缩短凸模长度的方法防止其在冲裁过程中产生弯曲变形而折断。这种结构制造起来比较容易，凸模使用寿命也较长。该模具采用冲击块 5 冲击凸模进行冲裁工作。小凸模由小压板 7 进行导向，而小压板由两个小导柱 6 进行导向。当上模下行时，大压板 8 与小压板 7 先后压紧制件，凸模 2、3、4 的上端露出小压板 7 的上平面，上模压缩弹簧继续下行，冲击块 5 冲击凸模 2、3、4，对工件进行冲孔。卸件工作由大压板 8 完成。厚料冲小孔模具的凹模洞口漏料必须通畅，避免废料堵塞而损坏凸模。冲裁件在凹模上由定位板 9 与 1 定位，并由后侧压块 10 使冲裁件紧贴定位面。

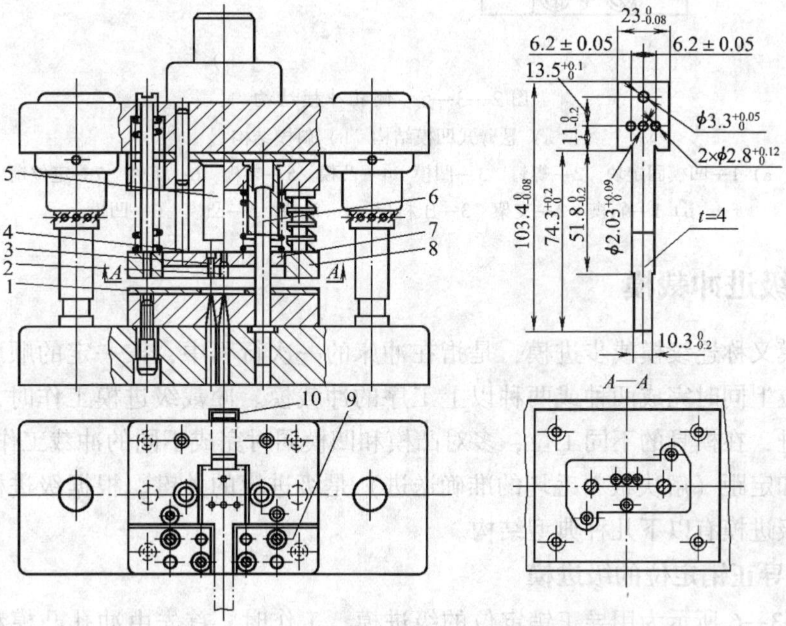

图 2—3—4 小孔冲模结构及所冲制件

1、9—定位板 2、3、4—凸模 5—冲击块 6—小导柱

7—小压板 8—大压板 10—后侧压块

（2）侧孔冲模

侧孔冲模结构示例如图 2—3—5 所示，图 2—3—5a 采用的是悬臂式凹模结构，可用于圆筒形件的侧壁冲孔、冲槽等。使用时毛坯套入凹模 3，由定位销 7 控制加工的轴向位置。此种结构可在侧壁上完成多个孔的冲制。在冲压多个孔时，结构上要考虑设置分度定位机构。图 2—3—5b 是依靠固定在上模的斜楔 1 来推动滑块 4，使凸模 5 做水平方向移动，完成筒形件或 V 形件的侧壁冲孔、冲槽、切口等工序。

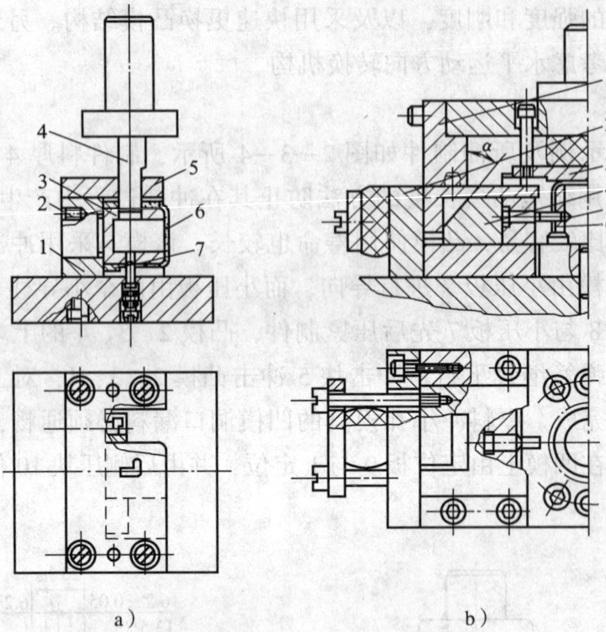

图 2—3—5　侧孔冲模结构

a）悬臂式凹模结构　b）斜楔结构

a）1—凹模固定块　2—螺钉　3—凹模　4—凸模　5—导板　6—工件　7—定位销

b）1—斜楔　2—支架　3—压料板　4—滑块　5—凸模　6—凹模

二、级进冲裁模

级进模又称连续模或步进模，是指在冲床的一次行程中，按一定的顺序，在模具的不同工位上同时完成两种或两种以上工序的冲裁模。冲裁级进模工作时，随着条料的连续送进，在模具的不同工位，多对凸模和凹模同时完成不同的冲裁工作。

定位和定距（解决板料毛坯的准确送进）是级进模的关键。根据级进模定位零件的特征，级进模有以下几种典型结构。

1. 用导正销定位的级进模

图 2—3—6 所示为用导正销定位的级进模。工作时，首先由冲孔凸模和凹模冲制出制件的内孔，然后将条料向左送进一个步距（送料长度），利用模具左边的落料凸模和凹模再冲出制件的外形，即得到整个制件。在这一制件完成落料的同时，冲孔凸模和凹模又冲出下一制件的内孔。随着条料的不断送进，通过连续进行冲孔和落料，冲床每次行程都能得到一个完整的制件。

需要指出的是，该级进模工作时，条料的首次定位先由临时挡料销（图中未画）完成，冲孔后再由内孔边缘作为落料时的粗定位，然后由导正销进入已冲好的孔中对条料进行精确定位，来导正孔与外形的相对位置。

2. 用侧刃定距的级进模

图 2—3—7 所示为用侧刃定距的级进模，其工作过程类似于用导正销定位的级进

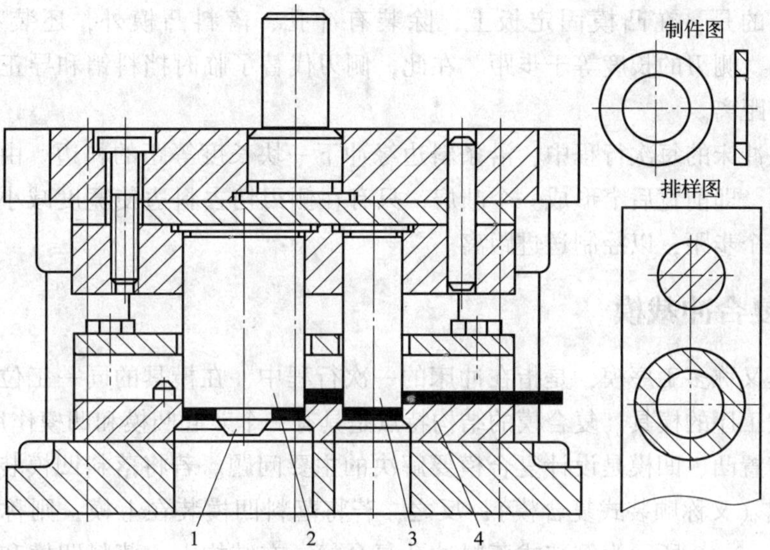

图 2—3—6　用导正销定位的级进模

1—导正销　2—落料凸模　3—冲孔凸模　4—凹模

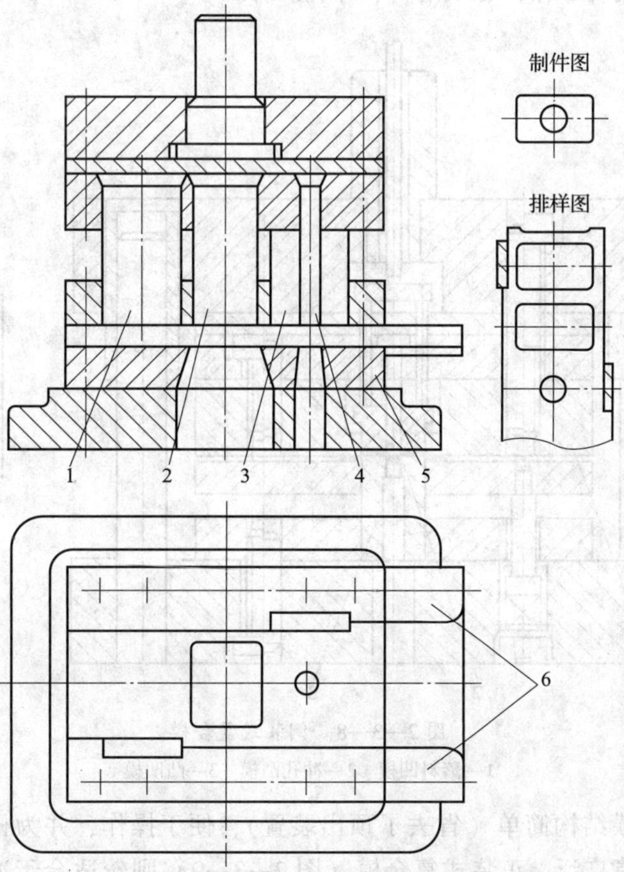

图 2—3—7　用侧刃定距的级进模

1、3—侧刃　2—落料凸模　4—冲孔凸模　5—凹模　6—导尺

模。所不同的是，在凸模固定板上，除装有冲孔、落料凸模外，还装有特殊的凸模——侧刃，侧刃的长度等于步距。在此，侧刃代替了临时挡料销和导正销等来控制条料的送进距离。

侧刃在冲床的每次行程中，沿条料边缘冲下一块长度等距的料边。由于前后导尺间宽度不同，即前宽后窄形成一个凸肩，只有在侧刃切去料边使宽度减小后，条料才能再前进一个步距，以控制送进距离。

三、复合冲裁模

复合模又称多工序模，是指在冲床的一次行程中，在模具的同一工位上能完成几种不同冲裁工序的模具。复合模的结构特点是具有一个兼起凸模和凹模作用的凸凹模。

合理布置凸、凹模是设计复合模要解决的主要问题。若将落料凹模装在下模，则称为正装式（又称顺装式复合模）；反之，若将落料凹模装在上模，则称为倒装式复合模。图 2—3—8 所示为倒装式落料冲孔复合模。在结构上，落料凹模和冲孔凸模装在上模，凸凹模（冲孔凹模、落料凸模）装在下模。工作时，随着滑块的向下运动，两对凸模、凹模同时工作，完成落料、冲孔两种工序。

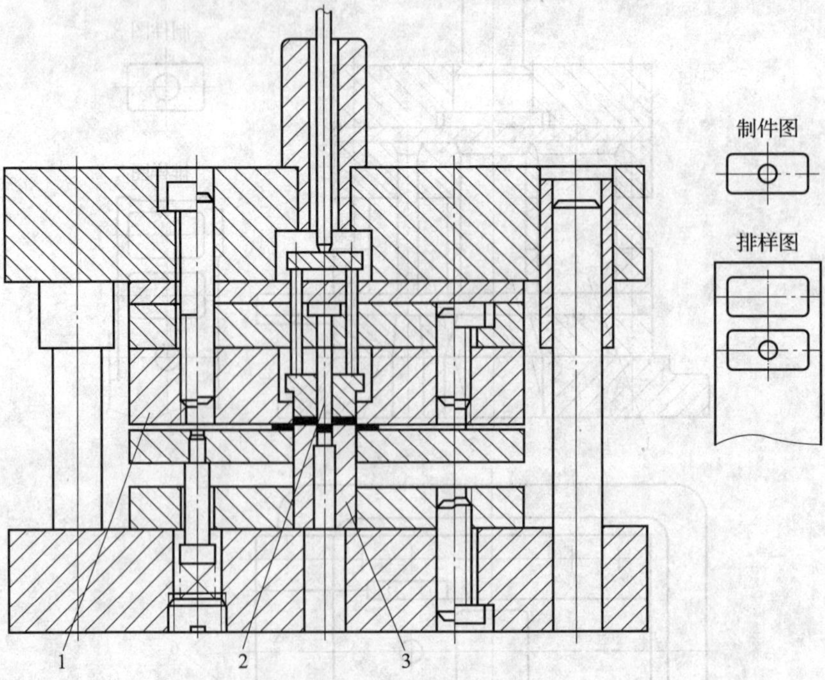

图 2—3—8　倒装式复合模

1—落料凹模　2—冲孔凸模　3—凸凹模

倒装式复合模结构简单（省去了顶出装置），便于操作，并为机械化出料提供了条件，故应用非常广泛。正装式复合模（图 2—3—9）则较适合于冲制材料较软或料厚较薄、平直度要求较高的制件，还可以冲制孔边距较小的制件。

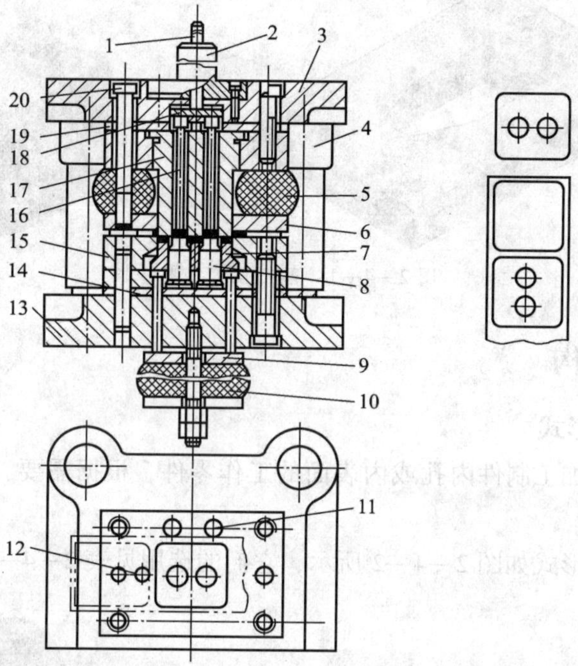

图 2—3—9 正装式复合模

1—打杆 2—模柄 3—上模座 4—导套 5—卸料橡胶
6—弹性卸料板 7—顶件块 8—冲孔凸模 9—橡胶夹板
10—顶件橡胶 11—导料钉 12—固定挡料销 13—下模座 14—下垫板
15—落料凹模 16—推杆 17—凸凹模 18—推板 19—上垫板 20—卸料螺钉

需要指出的是，正装式复合冲裁模冲裁的制件和废料都落在落料凹模的表面上，必须清除后才能进行下一次的冲裁。另外，正装式复合冲裁模操作不方便，也不太安全，故不适用于多孔制件的冲裁。

第四节 工作零件结构

工作零件是直接对板料进行冲压加工的零件。冲裁模中的工作零件包括凸模、凹模、凸凹模。某落料模工作零件如图 2—4—1 所示。

工作零件用于板料的冲切成形，其刃口在工作过程中受到强烈的摩擦和冲击，要求具有高的耐磨性、冲击韧性以及耐疲劳断裂性能，工作零件的材料及硬度要求可参考教材附录二，而对于冲模一般零件材料和硬度的选用，可参考教材附录三。

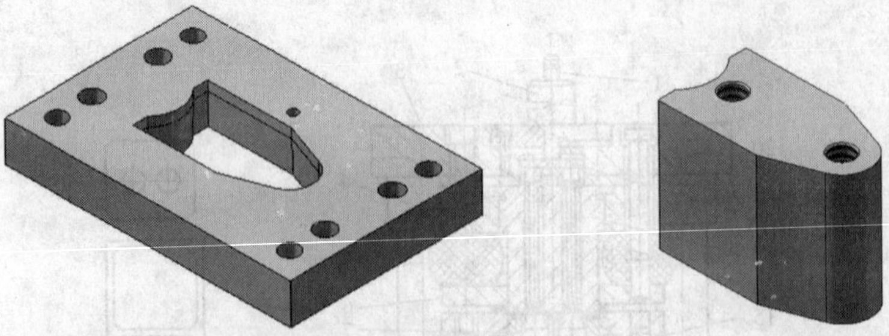

图 2—4—1　落料模工作零件

一、凸模结构

1. 凸模结构形式

作为一般冲压加工制件内孔或内表面的工作零件，根据需要，凸模可能采用不同的结构形式。

凸模常用结构形式如图 2—4—2 所示，它们的选用见表 2—4—1。

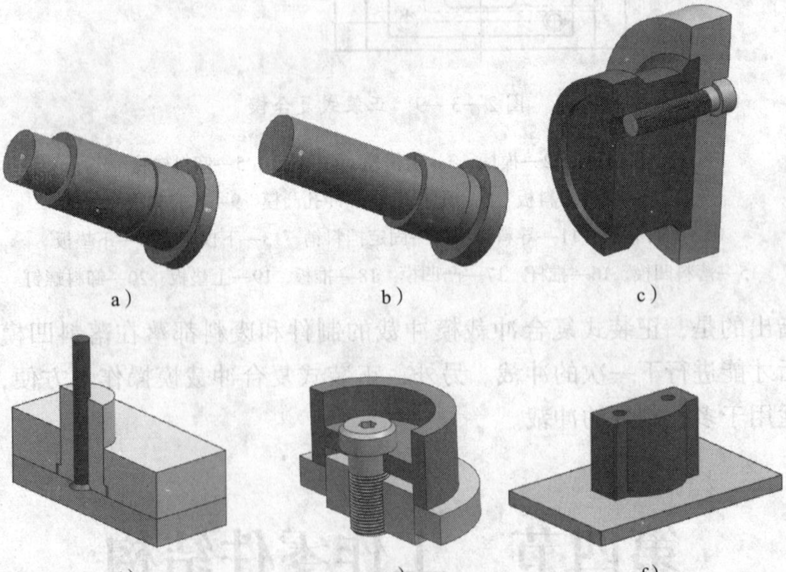

图 2—4—2　凸模常用结构形式

a）小圆孔凸模　b）中型圆孔凸模　c）大型圆孔或落料凸模

d）带护套凸模　e）镶块式凸模　f）阶梯式非圆形凸模

表 2—4—1　　凸模常用结构形式的选用

结构形式	选用说明
小圆孔凸模	适用于冲裁 $\phi1\sim\phi15$ mm 的小圆孔，为了增强凸模的强度与刚度，避免应力集中，将凸模非工作部分做成逐渐增大的圆滑过渡的阶梯形式
中型圆孔凸模	适用于冲裁 $\phi8\sim\phi30$ mm 的中型圆孔，因直径较大，可减少或省掉过渡阶梯

续表

结构形式	选用说明
大型圆孔或落料凸模	采用止口定位，通过螺钉紧固，为减小精加工面积，凸模外圆非工作表面直径可略小一些，端面要设计成凹坑形状
带护套凸模	用于冲制孔径与料厚相近的小孔，将凸模装在护套里，再将护套固定在凸模固定板上。采用该结构既可以提高凸模的抗弯曲能力，又能节省成本较高的模具材料
镶块式凸模	工作部分采用工具钢制造并进行热处理，非工作部分采用一般的结构钢材料
阶梯式非圆形凸模	为便于加工，该加工形式凸模的安装部分通常做成简单的圆形或方形，用台肩或铆接方式固定在固定板上，当安装部分为圆形时，应在固定端接缝处打入防转销

2. 凸模固定方式

凸模常见的固定方式有四种，即台阶固定、铆接固定、螺钉和销钉固定、浇注粘结固定，它们的各自特点及应用见表2—4—2。

表2—4—2　凸模的常见固定方法

固定方法	图例	特点	应用
台阶固定		依靠其柱面和台阶压紧在凸模固定板中。凸模安装部分设有大于安装尺寸的台阶，以防凸模从固定板中脱落。凸模与固定板多采用H7/m6配合，装配稳定性好	应用广泛
铆接固定	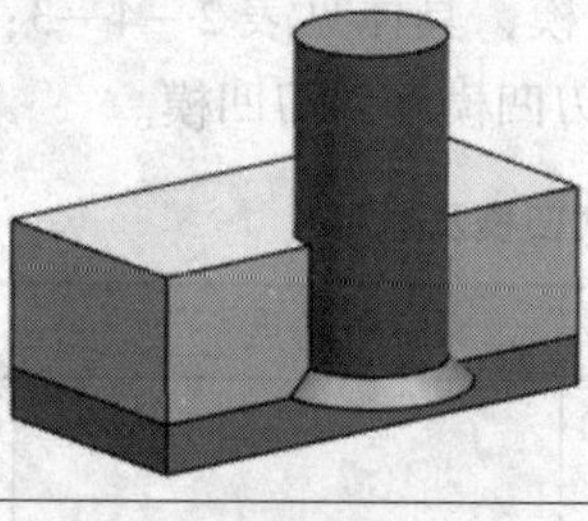	凸模装入固定板后，将凸模上端铆出（1.5～2.5）×45°的斜面，以防凸模脱落。凸模一般做成直通式	多用于断面形状不规则的小凸模的安装
螺钉和销钉固定	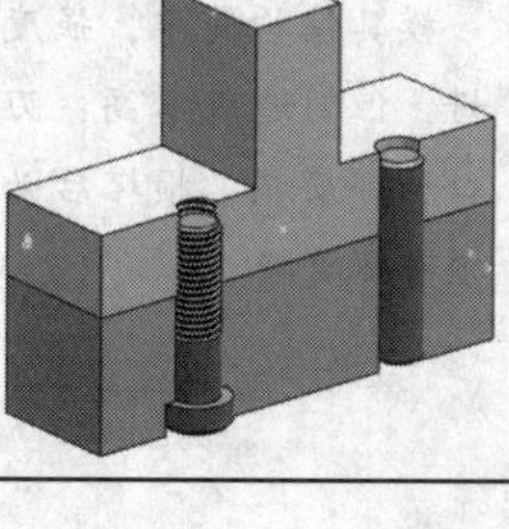	用螺钉及销钉将凸模直接固定在凸模固定板或模座上，安装与拆卸简便，稳定性好	多用于大中型凸模的安装

续表

固定方法	图例	特点	应用
浇注粘结固定	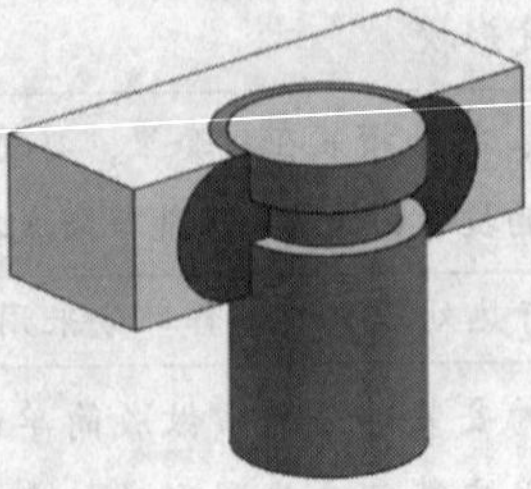	采用低熔点合金、环氧树脂、无机粘结剂等将凸模粘结固定在凸模固定板上。可简化模具的加工和装配	多用于冲裁件厚度小于 2 mm 的冲裁

对于大型冲模中冲小孔的易损凸模，可以考虑采用如图 2—4—3 所示的快换式凸模的固定方法，以便于修理与更换。

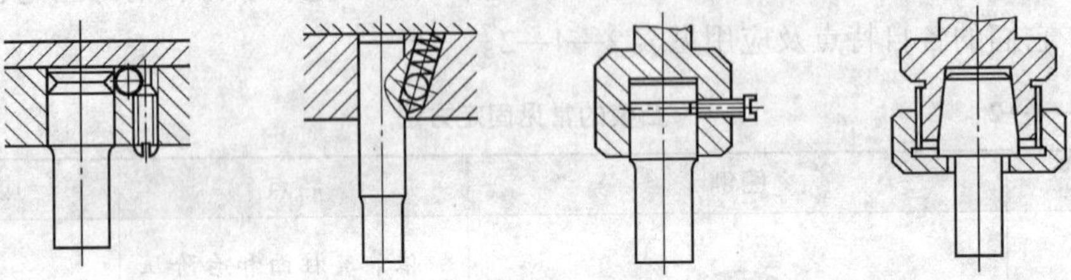

图 2—4—3 快换式凸模的固定方法

二、凹模结构

1. 凹模结构形式

作为一般冲压加工制件外形或外表面的工作零件，凹模的结构形式也较多，按结构可分为整体式凹模和组合式（镶拼式）凹模，具体见表 2—4—3；按外形可分为标准圆凹模和板状凹模；按刃口形式可分为平刃凹模和斜刃凹模。

表 2—4—3 整体式和组合式凹模及选用

结构形式	图例	特点	应用
整体式		模具结构简单，强度好，但制造成本高，刃口局部磨损、损坏后必须整体更换	冲裁中小型及尺寸精度要求比较高的冲压件的模具

续表

结构形式	图例	特点	应用
组合式	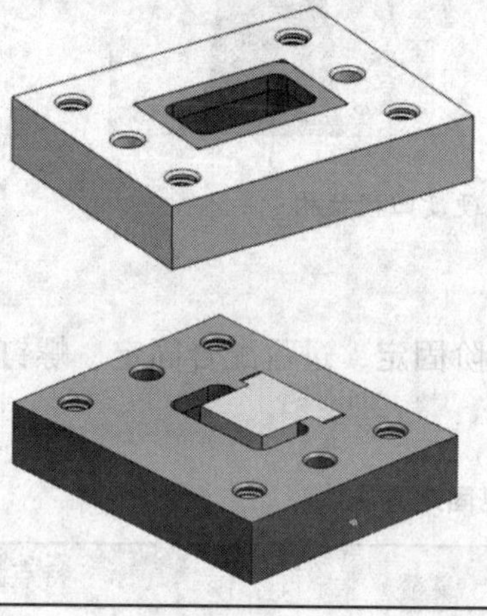	其结构由各种镶块拼接而成，比整体式凹模便于加工，热处理变形小，并能节省贵重钢材，且个别损坏的镶块可以更换，以免整个凹模报废	冲裁大中型形状复杂、带有突出部分或尖角以及精度要求不高的冲压件模具

另外，从孔口形式来看，有柱形孔口（直筒式）、锥形孔口凹模之分，如图 2—4—4所示。其中图 2—4—4a、b、c 为柱形孔口凹模，其特点是制造方便，刃口强度高，刃磨后工作部分尺寸不变，广泛用于冲裁精度要求较高、形状复杂的精密制件。但因料片的聚集而增大了推件力和凹模的胀裂力，给凸模、凹模的强度都带来了不利的影响，一般复合模和上出件的冲裁模采用图 2—4—4a、c 所示结构，而下出件的冲裁模采用图 2—4—4a、b 所示结构。图 2—4—4d、e 所示为锥形孔口凹模，该孔口形式凹模内不聚集料片，侧壁磨损小，但刃口强度差，刃磨后刃口径向尺寸略有增大，故适合于冲裁形状简单、尺寸精度要求不高、板料厚度较薄、生产批量不大的制件。

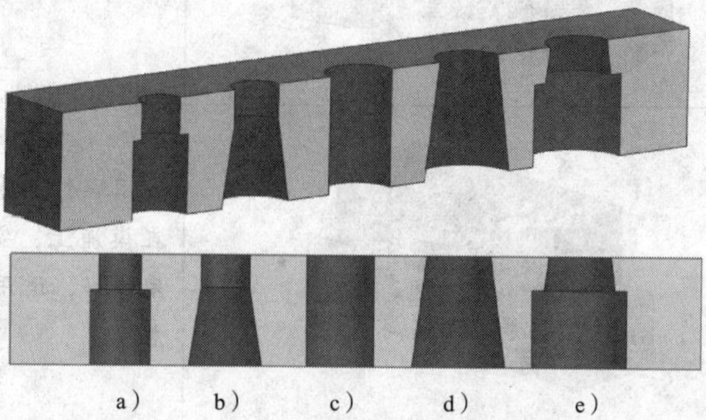

图 2—4—4　凹模孔口形式

a）、b）、c）柱形孔口　d）、e）锥形孔口

对于冲裁厚度 0.5 mm 以下软而薄的金属或非金属材料制件，还可以采用如图 2—4—5所示结构形式的低硬度（一般为 40HRC 左右）凹模，其特点是可用锤子敲击刃口外侧斜面，以达到调整凸模、凹模间隙的目的。

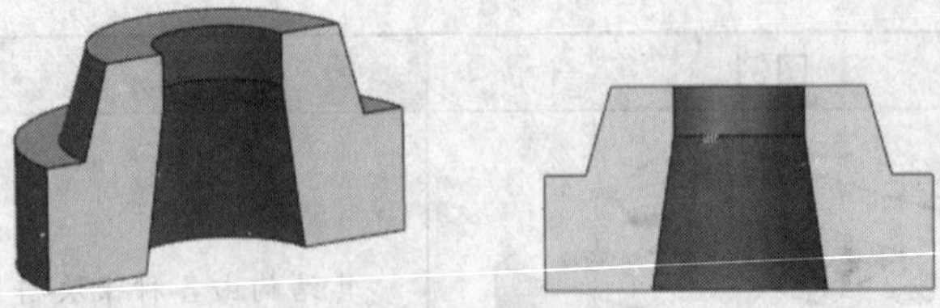

图 2—4—5　低硬度凹模结构

2．凹模固定方式

凹模多采用机械法固定，常见方式有台阶固定、过盈配合固定、螺钉和销钉固定，其相关内容见表 2—4—4。

表 2—4—4　　凹模的常见固定方法

固定方法	图例	特点
台阶固定		依靠其柱面和台阶压紧在凹模固定板中。凹模安装部分设有大于安装尺寸的台阶，以防凹模从固定板中脱落。凹模与固定板多采用 H7/m6 配合，装配稳定性好，应用广泛
过盈配合固定	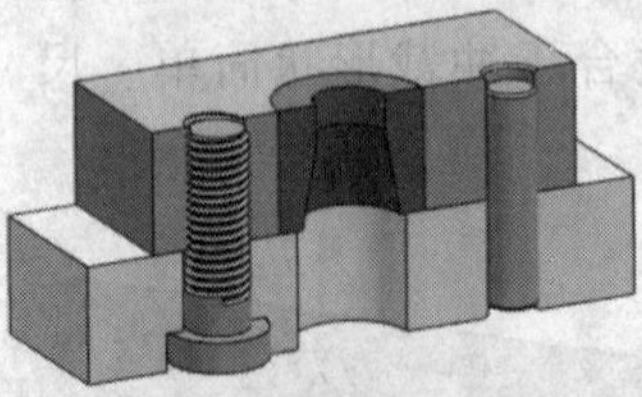	将凹模压入凹模固定板或模座内固定
螺钉和销钉固定	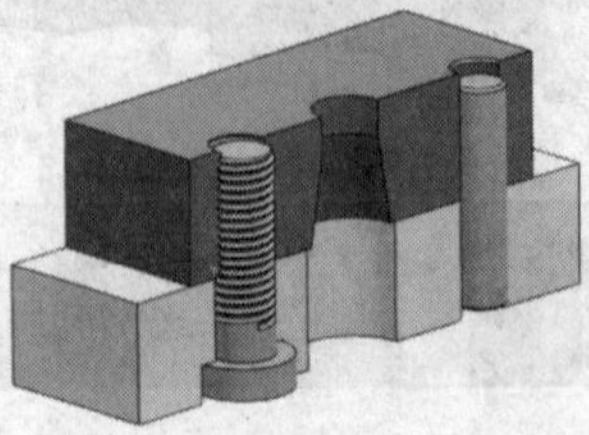	用螺钉及销钉将凹模直接固定在模座上，安装与拆卸简便，稳定性好，适用于大中型凹模的安装

三、凸凹模

作为同时具有凸模和凹模作用的工作零件，在冲裁复合模中，凸凹模既是落料凸模，又是冲孔凹模。凸凹模的内外缘均为刃口，内外缘之间的壁厚取决于冲裁件的尺寸。

从强度方面考虑，其壁厚应受最小值限制。凸凹模的最小壁厚与模具结构有关：当模具为正装结构时，内孔不积存冲裁废料，胀力小，最小壁厚可以小些；当模具为倒装结构时，若内孔为柱形孔口形式，且采用下出料方式，则内孔积存废料，胀力大，故最小壁厚应大些。

第五节 定位零件结构

为保证冲裁出外形完整的合格制件，冲裁过程中，条料必须准确送进在模具的正确位置上。在冲模中，条料的正确位置是由定位零件来保证的。根据毛坯形状、尺寸及模具的结构形式，可以选用不同的定位零件。常见的定位零件有：挡料销、导正销、侧刃、定位板、定位钉、导料板（导尺）和导料销、侧压装置等，如图 2—5—1 所示。

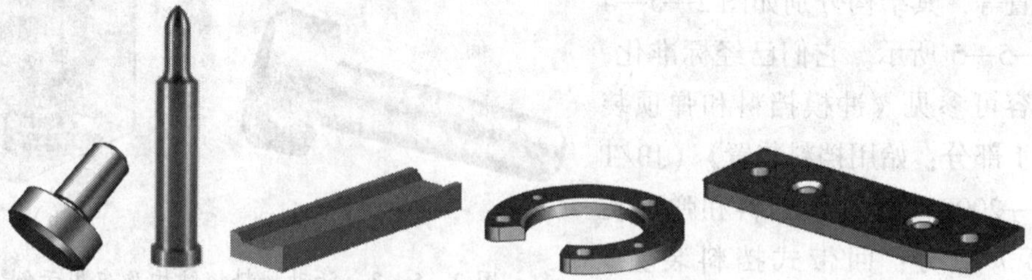

a） b） c） d） e）

图 2—5—1 定位零件

a）挡料销 b）挡料装置导正销 c）成型侧刃 d）圆形毛坯用定位板 e）导料板

保证条料的定位基本在两个方向上：一是与条料垂直的方向，二是条料的送料方向。前者保证条料沿正确的方向送进，称为送进导向，其定位零件包括导料销、导料板和侧压装置等；后者控制条料一次送进的距离（步距），称为送料定距，其定位零件包括挡料销、导正销和侧刃等。至于定位板和定位钉则属于条料或工序件的定位零件。

一、挡料销

作为确定板料或制件正确位置的圆柱形零件，挡料销可分为固定挡料销和活动挡料销。

1. 固定挡料销

固定挡料销结构简单、制造容易、应用广泛，且已标准化。根据标准《冲模挡料和弹顶装置 第 10 部分：固定挡料销》（JB/T 7649.10—2008），其结构如图 2—5—2 所示。当然，根据需要还可采用钩头挡料销。

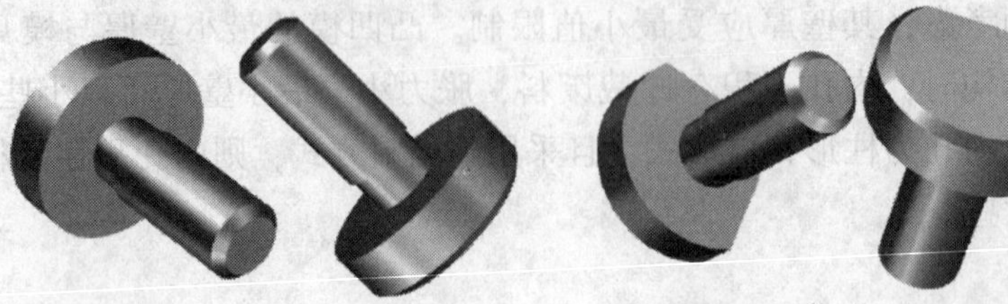

图 2—5—2　固定挡料销

a）A 型　b）B 型

2. 活动挡料销

活动挡料销结构及应用示例如图 2—5—3 所示。活动挡料销也已标准化，其标准为《冲模挡料和弹顶装置　第 9 部分：活动挡料销》（JB/T 7649. 9—2008）。

根据需要，冲模中有时还需采用挡料装置，如始用挡料装置、回带式挡料装置等，其结构分别如图 2—5—4 和图 2—5—5 所示。它们已经标准化，具体内容可参见《冲模挡料和弹顶装置　第 1 部分：始用挡料装置》（JB/T 7649. 1—2008）、《冲模挡料和弹顶装置　第 7 部分：回带式挡料装置》（JB/T 7649. 7—2008）等。

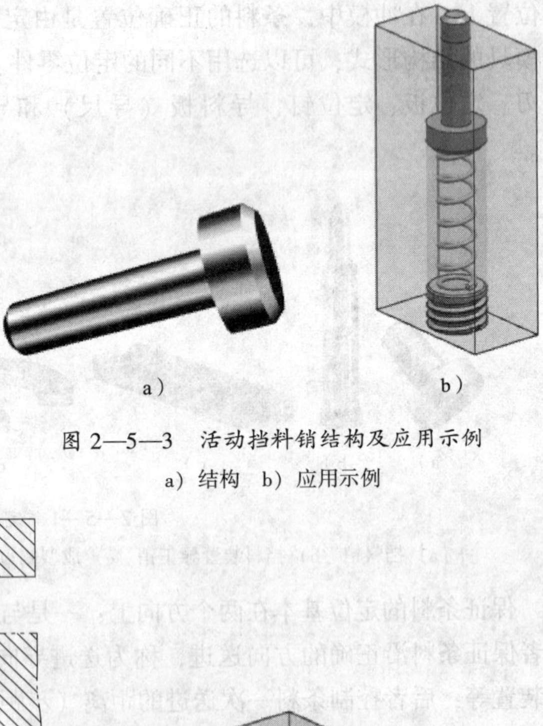

图 2—5—3　活动挡料销结构及应用示例

a）结构　b）应用示例

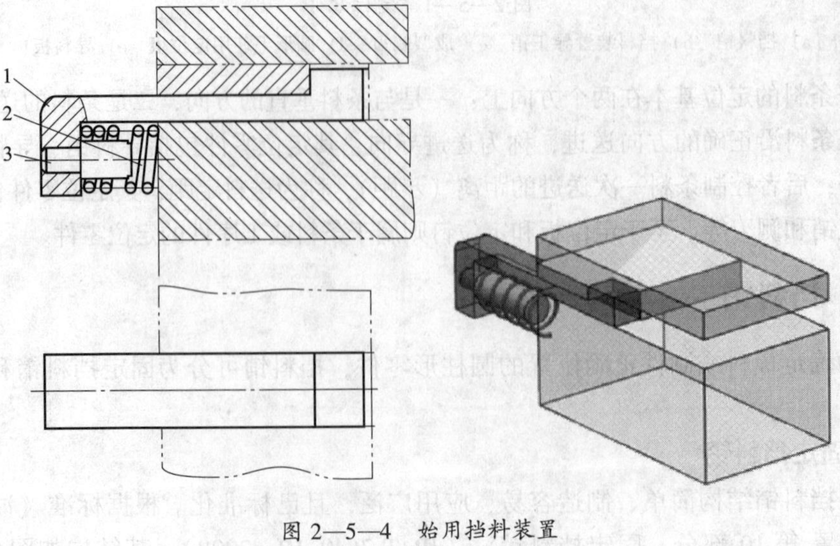

图 2—5—4　始用挡料装置

1—始用挡料块　2—弹簧　3—弹簧心柱

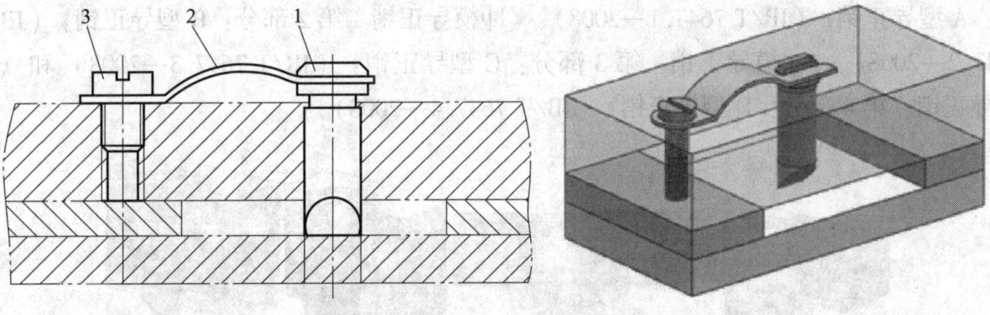

图 2—5—5 回带式挡料装置

1—回带式挡料销 2—片弹簧 3—螺钉

二、导正销

作为与导正孔配合，确定制件正确位置和消除送料误差的圆柱形零件，导正销主要用于级进模中对条料进行精确定位，以保证制件外形与内孔相互位置的正确。在落料前，导正销先进入已冲好的孔内，使孔与外形的相对位置正确，然后落料，其工作示意如图 2—5—6 所示。

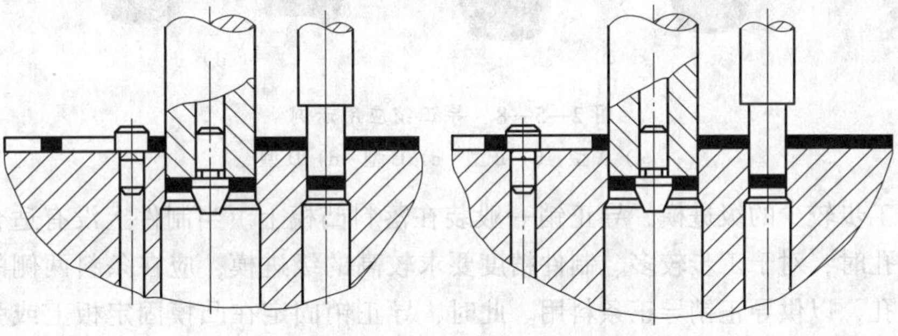

图 2—5—6 导正销工作示意

导正销主要由圆锥（台）体的导入部分和圆柱体的导正部分构成。导正销已标准化。根据我国机械行业标准，导正销分为 A 型、B 型、C 型和 D 型四种型号，其结构及应用示例分别如图 2—5—7 和图 2—5—8 所示，相应标准化为《冲模导正销 第 1 部

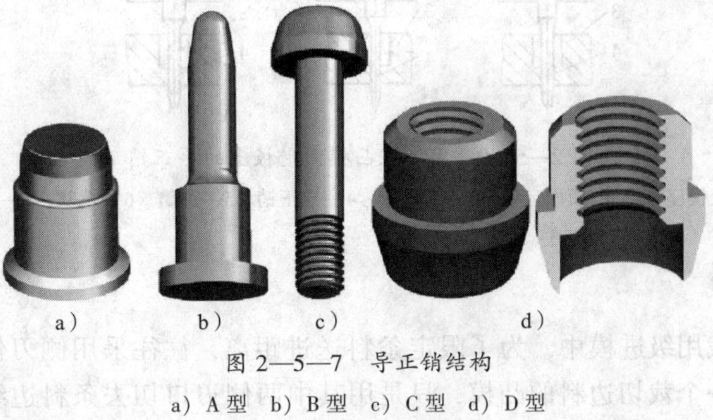

图 2—5—7 导正销结构

a）A 型 b）B 型 c）C 型 d）D 型

分：A 型导正销》（JB/T 7647.1—2008）、《冲模导正销　第 2 部分：B 型导正销》（JB/T 7647.2—2008）、《冲模导正销　第 3 部分：C 型导正销》（JB/T 7647.3—2008）和《冲模导正销　第 4 部分：D 型导正销》（JB/T 7647.4—2008）。

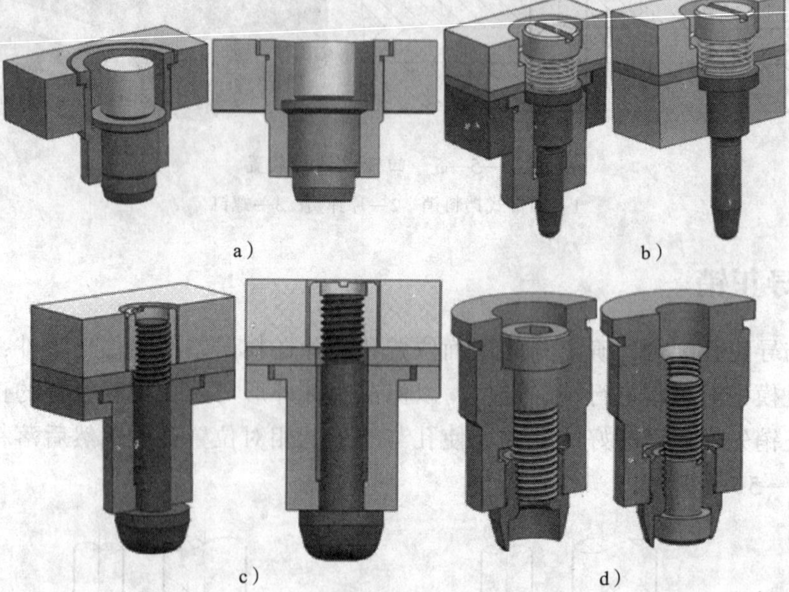

图 2—5—8　导正销应用示例

a）A 型　b）B 型　c）C 型　d）D 型

对于工步较少的级进模，导正销一般装在落料凸模上。当制件上没有适合导正销导正用的孔时，对于工步较多、制件精度要求较高的级进模，应在条料两侧的空位处设置工艺孔，以供导正销导正条料用。此时，导正销固定在凸模固定板上或弹压卸料板上，其结构示意如图 2—5—9 所示。

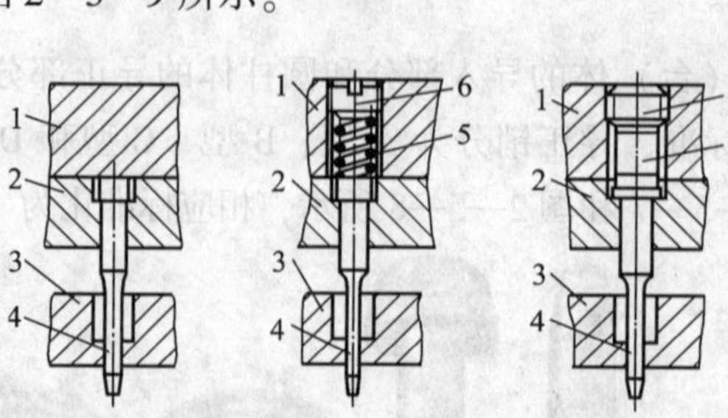

图 2—5—9　固定在凸模固定板上的导正销

1—上模座　2—凸模固定板　3—卸料板　4—导正销　5—弹簧　6—螺塞　7—顶销

三、侧刃

在薄料冲裁用级进模中，为了限定条料送进距离，往往采用侧刃作为定位零件。侧刃实质上是一个裁切边料的凸模，只是用其中两侧刃口切去条料边缘的部分材料，形成一台阶。条料切去部分边料后，宽度变窄才能继续向前送料，送进的距离为切去的长度（送料步距），其工作示意如图 2—5—10 所示。

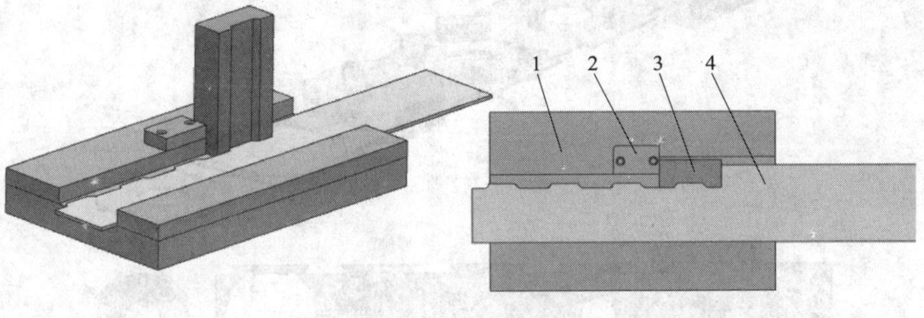

图 2—5—10　侧刃工作示意

1—导料板　2—侧刃挡块　3—侧刃　4—条料

根据机械行业标准《冲模侧刃和导料装置　第 1 部分：侧刃》（JB/T 7648.1—2008），标准侧刃包括：ⅠA 型、ⅠB 型、ⅠC 型、ⅡA 型、ⅡB 型和ⅡC 型，其结构如图 2—5—11 所示。

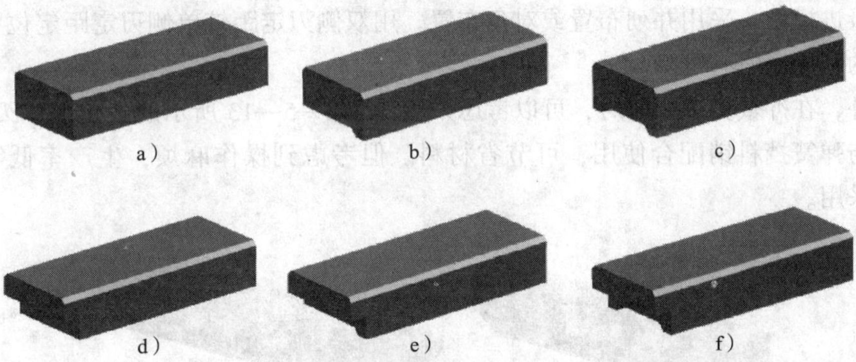

图 2—5—11　侧刃

a）ⅠA 型　b）ⅠB 型　c）ⅠC 型　d）ⅡA 型　e）ⅡB 型　f）ⅡC 型

ⅠA 型和ⅡA 型侧刃断面为矩形，称为矩形侧刃，其结构简单，制造方便，但由于刃角部分制造或磨损原因，使切出的条料台肩角部分出现圆角和毛刺，送料时不能使台肩直边紧靠侧刃挡块，致使条料不能准确定位。因此，矩形侧刃定距的定位误差较大，出现的毛刺也使送料工作不够畅通。矩形侧刃常用于料厚为 1.5 mm 以下且精度要求不高的一般冲裁件的定位。

ⅠB 型和ⅡB 型侧刃为成型侧刃。对于成型侧刃，尽管在条料上仍有圆角或毛刺产生，但是因圆角和毛刺离开了定位面，所以定位准确可靠。由于侧刃形状比前者复杂，而且增加了材料的消耗，常用于冲裁厚度在 0.5 mm 以下或公差要求较严的制件。成型侧刃外斜为 45°，冲去条料边缘的废料容易跳回模面而影响侧刃的正常工作，所以常在大批量生产中将侧刃做成内斜 60°以上的燕尾槽形（其应用示例如图 2—5—12 所示），以增大废料与凹模的摩擦力，使废料在侧刃的推动下向下漏料。

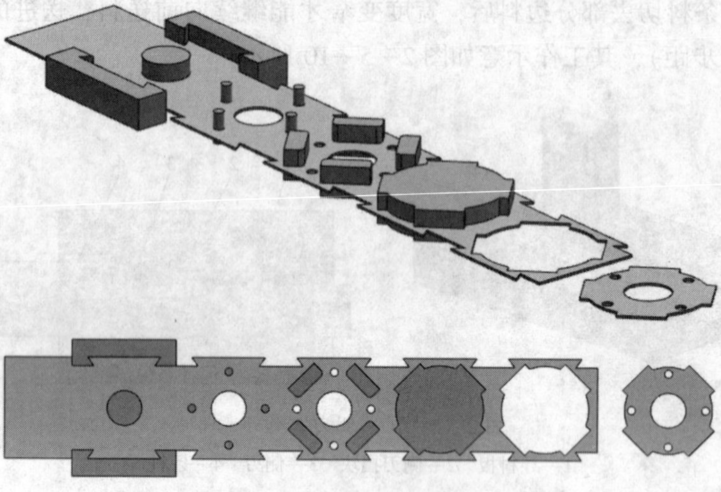

图 2—5—12　燕尾槽形侧刃的应用示例

在模具结构中，可根据制件的结构和材料的情况，采用单侧刃或双侧刃。单侧刃一般用于工步数少、材料较硬或厚度较大的级进模中；双侧刃用于工步数较多、材料较薄的级进模中，采用并列布置或对角布置。用双侧刃定距较单侧刃定距定位精度高，但材料的利用率略有下降。

另外，在冲裁贵重金属时，可以考虑采用如图 2—5—13 所示的尖角形侧刃。尖角形侧刃与弹簧挡料销配合使用，可节省材料。但考虑到操作麻烦，生产率低等因素，故不常采用。

图 2—5—13　尖角形侧刃

与侧刃配合使用的侧刃挡块（图 2—5—14）也已标准化，其标准包括：《冲模侧刃和导料装置　第 2 部分：A 型侧刃挡块》（JB/T 7648. 2—2008）、《冲模侧刃和导料装置　第 3 部分：B 型侧刃挡块》（JB/T 7648. 3—2008）、《冲模侧刃和导料装置　第 4 部分：C 型侧刃挡块》（JB/T 7648. 4—2008）。

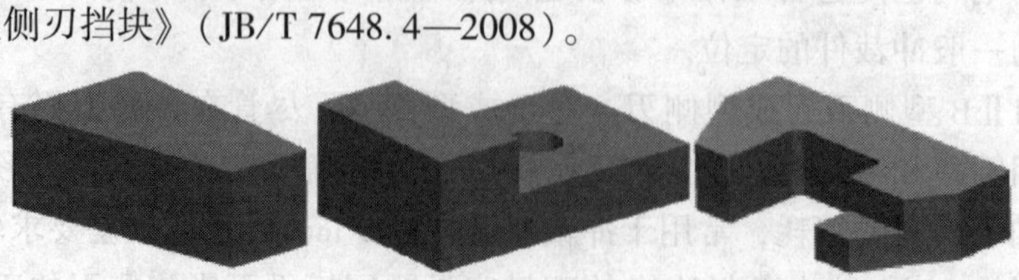

a）　　　b）　　　c）

图 2—5—14　侧刃挡块

a）A 型　b）B 型　c）C 型

四、导料板和导料销

1. 导料板

作为确定板料送进方向的板状零件，导料板（又称导尺）是控制条料宽度方向在模具中位置的定位零件，设在条料两侧。工作时，条料靠一侧的导料板，沿着设计的送料方向导向送进。导料板结构及工作示意如图 2—5—15 所示，其中，标准结构导料板与卸料板或导板分开制造；整体结构导料板则与卸料板制成一个整体。

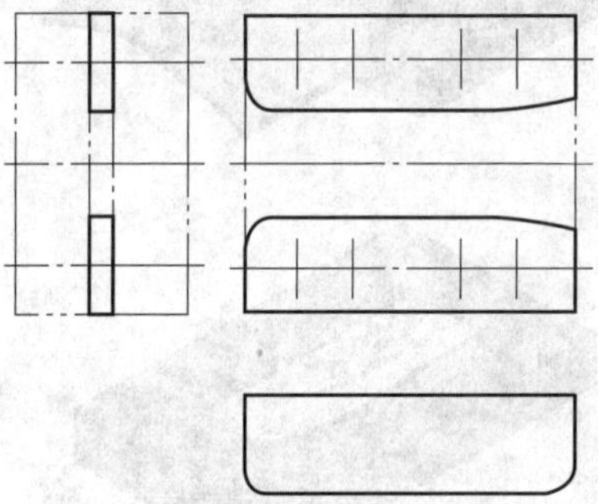

a）

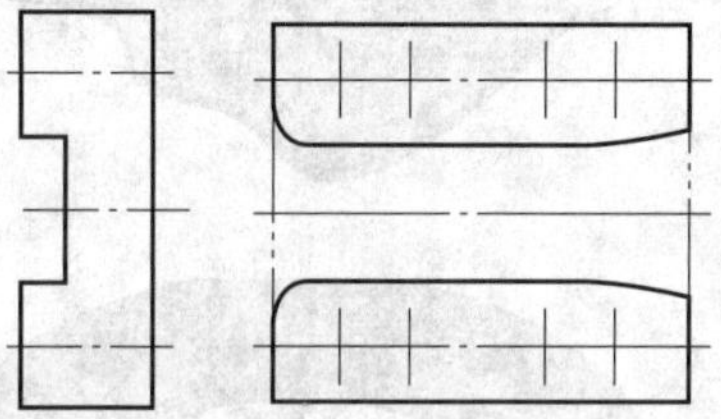

b）

c）

图 2—5—15　导料板

a）标准结构　b）整体结构　c）工作示意

导料板结构已标准化，其标准为机械行业标准《冲模侧刃和导料装置　第 5 部分：导料板》（JB/T 7648.5—2008）。

2. 导料销

导料销一般用于单工序模和复合模。采用导料销时，至少要选用两个，并位于条料的同侧，如图 2—5—16 所示，导料销的结构与挡料销相同。

图 2—5—16　导料销定位

五、定位板和定位钉

定位板和定位钉用于单个毛坯的定位装置，其作用是保证前后工序的相对位置精度或工件内孔与外轮廓的位置精度要求。设计时，定位板的厚度或定位销的定位高度应比坯料或工序件厚度大 1～2 mm。图 2—5—17 所示为板料毛坯外轮廓定位，图 2—5—18 所示为板料毛坯内轮廓定位。

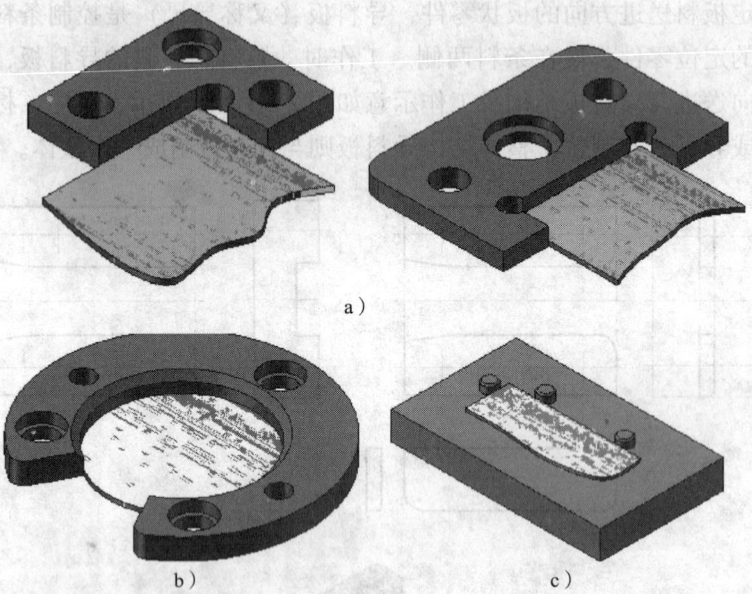

图 2—5—17　用定位板和定位钉定位外轮廓

a）矩形毛坯用定位板　b）圆形毛坯用定位板　c）定位钉定位

图 2—5—18　用定位板和定位钉定位内轮廓

a）定位板　b）定位钉

六、侧压装置

对于宽度尺寸公差较大的条料，为避免其在导料板中偏摆，需采用侧压装置以使最小搭边得到保证。侧压装置的结构形式主要包括弹簧式、簧片式、簧片压块式、板式等，它们的结构示意如图 2—5—19 所示。

弹簧侧压装置已标准化，其结构示意如图 2—5—20 所示，其标准为机械行业标准《冲模挡料和弹顶装置　第 3 部分：弹簧侧压装置》（JB/T 7649. 3—2008）。

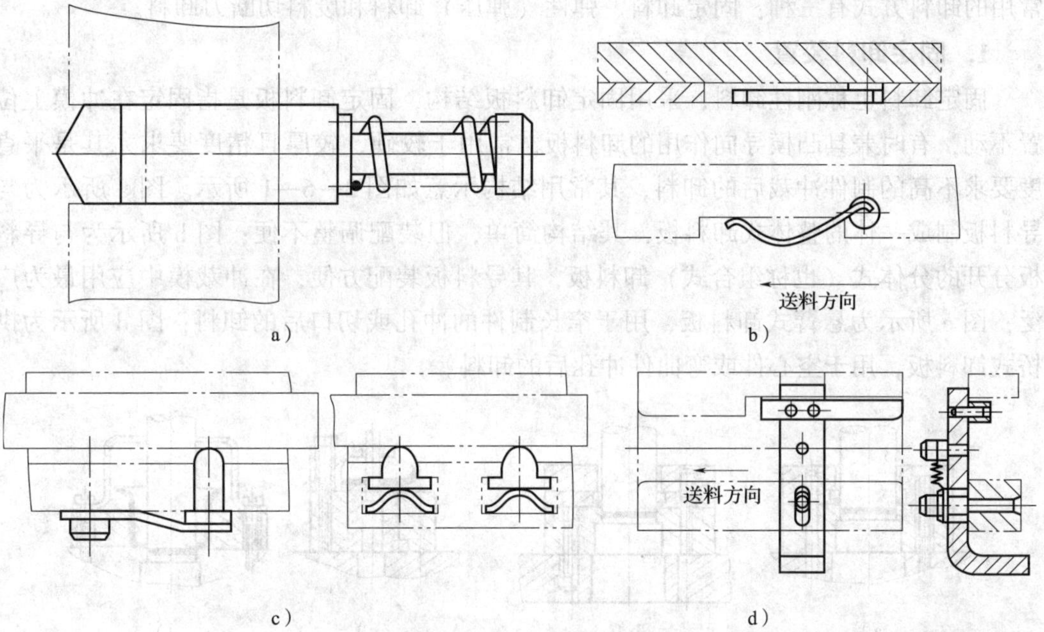

图 2—5—19 侧压装置结构

a）弹簧式 b）簧片式 c）簧片压块式 d）板式

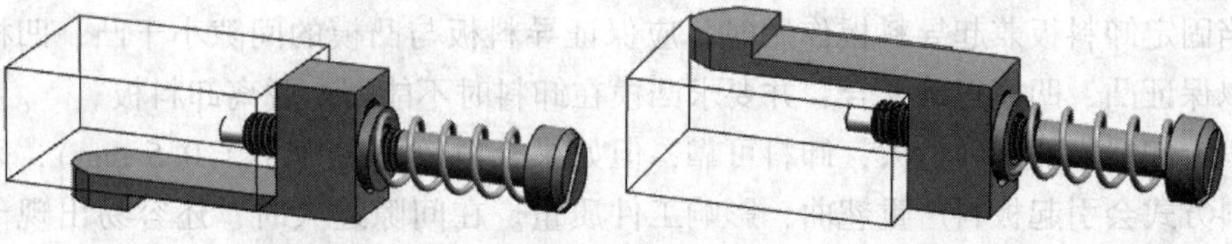

图 2—5—20 弹簧侧压装置结构

对于板料厚度在 0.3 mm 以下的薄板，以及辊轴自动送料装置的模具，不宜设置侧压装置。

第六节 压料、卸料、送料零件结构

在国家标准《冲模术语》（GB/T 8845—2006）中，将压住板料和卸下或推出制件与废料的零件，称为压料、卸料、送料零件，也就是通常所说的压料、卸料、推件和顶件等零部件，即卸料装置。卸料装置的作用在于，当冲裁模完成一次冲压后，把制件或废料从模具工作零件上卸下来，以便冲压工作继续进行。

一、卸料装置的结构

一般来说，卸料是指把制件或废料从凸模上卸下来，以保证下次冲压的正常进行。

常用的卸料方式有三种：固定卸料、弹性（弹压）卸料和废料切断刀卸料。

1. 固定卸料装置

固定卸料也称刚性卸料，采用固定卸料板结构，固定卸料板是指固定在冲模上位置不动，有时兼具凸模导向作用的卸料板，常用于较硬、较厚且精度要求尤其是平直度要求不高的制件冲裁后的卸料，其常用结构示意如图 2—6—1 所示。图 a 所示为与导料板制成一体的整体式卸料板，其结构简单，但装配调整不便；图 b 所示为与导料板分开的分体式（也称组合式）卸料板，其导料板装配方便，在冲裁模中应用最为广泛；图 c 所示为悬臂式卸料板，用于窄长制件的冲孔或切口后的卸料；图 d 所示为拱桥式卸料板，用于空心件或弯曲件冲孔后的卸料。

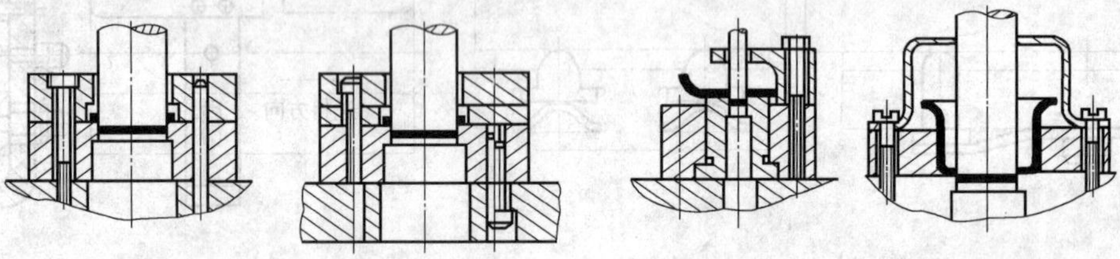

a）　　b）　　c）　　d）

图 2—6—1　固定卸料装置结构

a）整体式　b）分体式　c）悬臂式　d）拱桥式

当固定卸料板兼起导料板作用时，应保证导料板与凸模的间隙小于凸、凹模的间隙，以保证凸、凹模正确配合，并要求凸模在卸料时不能完全脱离卸料板。

固定卸料板的卸料力大，卸料可靠，但如果板料较薄时（小于 0.5 mm），采用固定卸料方式会引起板料严重翘曲，影响工件质量。在间隙过大时，还容易出现卡死现象，严重时，可能损坏模具。此时，可考虑采用弹性卸料装置。

2. 弹性卸料装置

弹性卸料也称弹压卸料，是借助弹性零件起卸料、压料作用，有时兼具保护凸模并对凸模起导向作用。由于弹性卸料板既起卸料作用又起压料作用，因此，表面要求较平整的冲裁件或薄板冲裁宜采用弹性卸料装置，所得冲裁件质量较好。

弹性卸料装置由弹性卸料板、卸料螺钉与弹性元件（橡胶或弹簧）等组成，在正装式模具中，弹性元件装在上模，而在倒装式模具中，弹性元件装在下模。冲程时，弹性元件受压缩而积蓄能量，并使弹性卸料板产生压力而起压料作用；回程时，弹性元件释放能量，使弹性卸料板产生反向推力而起卸料作用。常用的弹性卸料装置结构示意如图 2—6—2 所示。其中，图 a 所示为正装式模具上使用的弹性卸料装置，是最简单的卸料方法，用于简单冲裁模；图 b 所示为以导料板为送进导向的正装式冲裁模中使用的弹性卸料装置，冲裁时，弹性卸料板应压紧板料，而不能撞击导料板，因此，弹性卸料板要制成台阶式；图 c、d 所示均为倒装式模具上的弹性卸料装置，后者的弹性元件装在下模座之下，卸料力大小容易调节；图 e 所示弹性卸料板作为细长小凸模导向，卸料板本身又以两个以上的小导柱导向，以免弹性卸料板产生水平摆动，从而保护小凸模不被折断，在实际生产中，如果一副模具中含有两个以上直径较大的凸模，可以用它来代替小导柱对卸料板进行导向，其效果与小导柱相同，在小孔冲模、精密冲模和多工位级进模中常用这种结构。

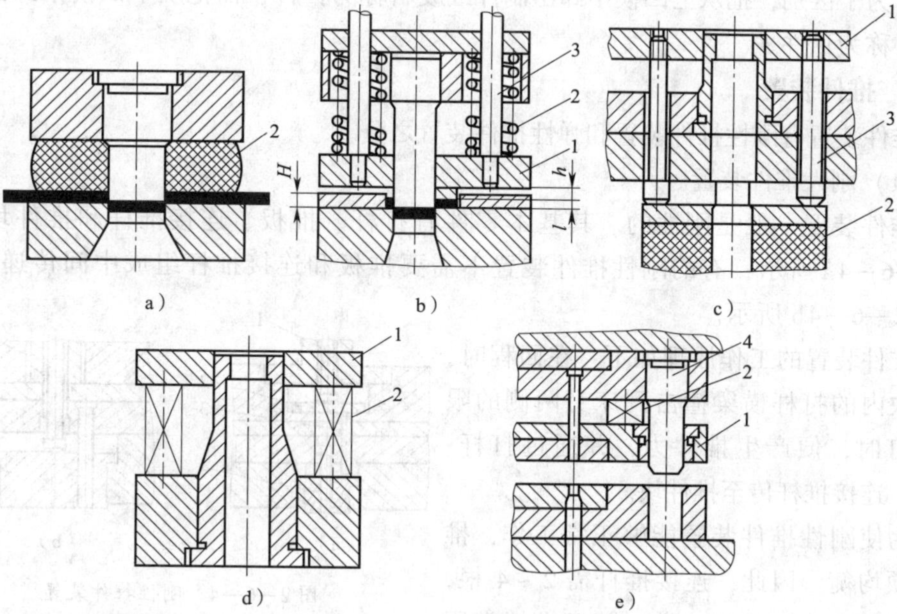

图 2—6—2 弹性卸料装置结构

a）、b）正装式模具用 c）、d）倒装式模具用 e）细长小凸模用

1—卸料板 2—弹性元件 3—卸料螺钉 4—小导柱

3. 废料切断刀卸料装置

对于大型零件冲裁或成形件切边，由于卸料力大，一般采用废料切断刀代替卸料板，分段切断废料而卸料，如图 2—6—3 所示。其中，图 b 所示装置适用于小型模具和切断薄废料；图 c 所示装置适用于大型模具和切断厚废料。

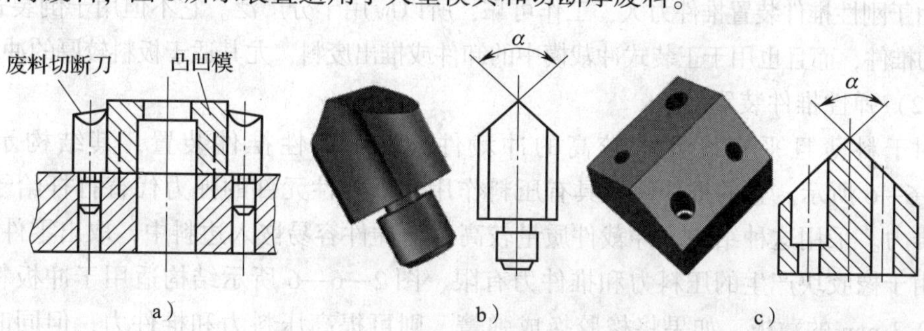

图 2—6—3 废料切断刀卸料装置

a）使用示意 b）圆废料切刀 c）方废料切刀

废料切刀已标准化，其标准包括：《冲模废料切刀 第 1 部分：圆废料切刀》（JB/T 7651. 1—2008）和《冲模废料切刀 第 2 部分：方废料切刀》（JB/T 7651. 2—2008）。

二、推件和顶件装置的结构

一般来说，推件和顶件是把制件或废料从凹模中卸下来，以保证下次冲压的正常进行。为了区别，把从上凹模中卸出制件或废料称为推件，而把从下凹模中卸出制件或废料称为顶件。

1. 推件装置

推件装置有刚性推件装置和弹性推件装置之分。

(1) 刚性推件装置

推件装置一般是刚性的。其基本零件有打杆、推板、连接推杆和推件块，如图 2—6—4a 所示；有的刚性推件装置不需要推板和连接推杆组成中间传递结构，如图 2—6—4b 所示。

推件装置的工作原理如下：在回程时，当滑块内的打杆横梁撞击到床身两侧的限位螺钉时，便产生推件力，并通过打杆、推板、连接推杆传至推件块。

为使刚性推件装置能够正常工作，推力必须均衡。因此，连接推杆需 2～4 根，且应均匀分布，长短一致。冲模推板常用结构类型如图 2—6—5 所示。

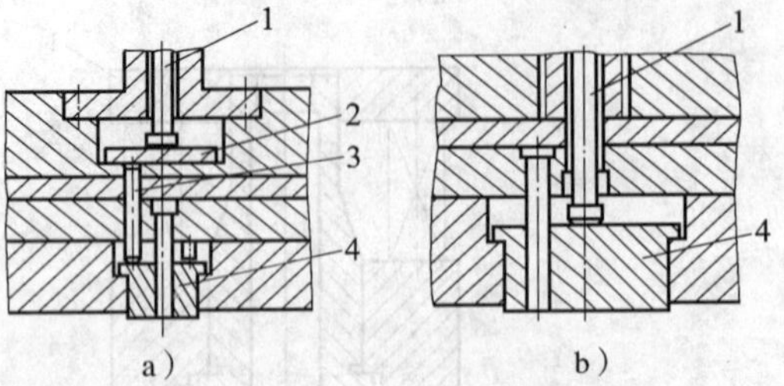

图 2—6—4　刚性推件装置

a）有推板　b）无推板和连接推杆

1—打杆　2—推板　3—连接推杆　4—推件块

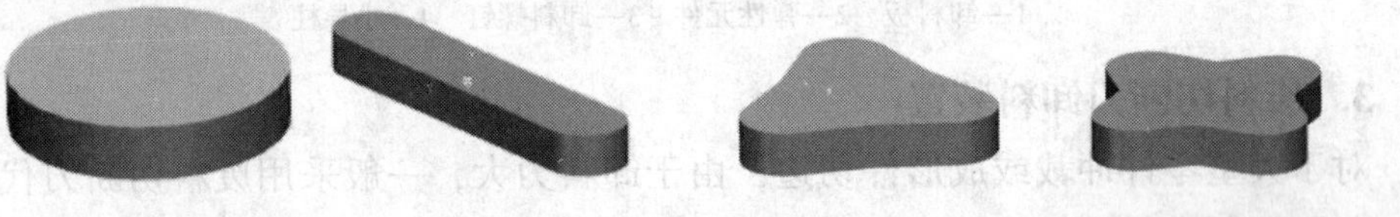

图 2—6—5　推板结构类型

由于刚性推件装置推件力大，工作可靠，所以应用十分广泛。它不但用于倒装式冲裁模中的推件，而且也用于正装式冲裁模中的卸件或推出废料，尤其适于板料较厚的冲裁。

(2) 弹性推件装置

对于料薄且平直度要求较高的冲裁件，宜用弹性推件装置，其结构示意如图 2—6—6 所示。它的推件装置具有压料作用，以弹性元件的弹力代替打杆给予推件块的推力。采用这种结构，冲裁件质量较高，但冲件容易嵌入边料中，取出零件麻烦。

由于橡胶块产生的压料力和推件力有限，图 2—6—6 所示结构适用于冲板料厚度小于 0.3 mm 的薄板。如果将橡胶换成弹簧，则可提高压料力和推件力，但同时也将增大对压力机滑块的冲击，对压力机不利。根据模具的结构，可以把弹性元件装在推板之上（图 a），也可以装在推件块之上（图 b）。

2. 顶件装置

顶件装置一般是弹性的，其典型结构示意如图 2—6—7 所示，顶件力由装在下模

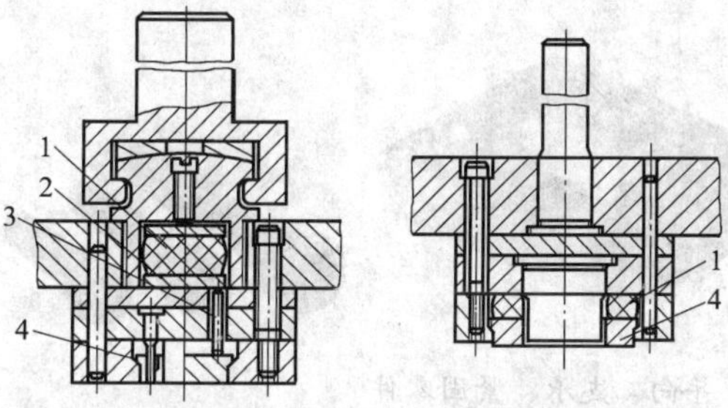

a） b）

图 2—6—6 弹性推件装置结构示意

a）弹性元件在推板之上 b）弹性元件在推件块之上

1—橡胶 2—推板 3—连杆推杆 4—推件块

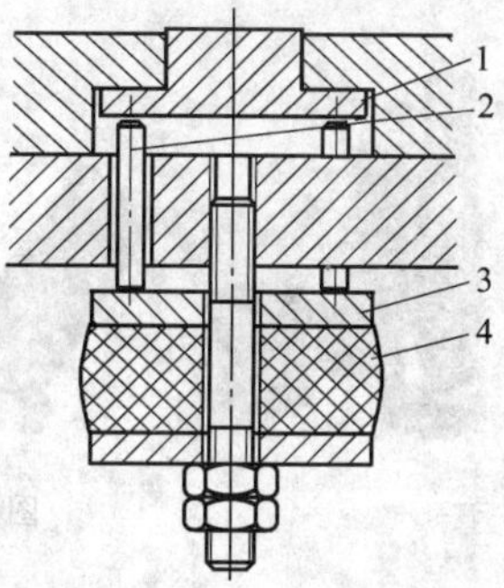

图 2—6—7 弹性顶件装置

1—顶件块 2—顶杆

3—托板 4—橡胶

座底部的橡胶缓冲器通过顶杆传给顶板。这种结构除了顶件以外，一般还起压料作用。

三、弹性元件

弹性元件主要用于卸料、压料或推件等，冲裁模中弹性元件使用弹簧较多，模具用的弹簧形式很多，可分为圆钢丝螺旋弹簧、方钢丝螺旋弹簧和碟形弹簧等，如图 2—6—8 所示。圆钢丝螺旋弹簧制造方便，应用最广；方钢丝（或矩形钢丝）螺旋弹簧所产生的压力比圆钢丝螺旋弹簧大得多，主要用于卸料力或压料力较大的模具。

a） b） c）

图 2—6—8 弹性元件

a）圆钢丝螺旋弹簧 b）方钢丝螺旋弹簧 c）碟形弹簧

需要指出的是，冲裁模的弹性元件还广泛使用橡胶，它具有承受负荷大、安全及安装调整方便等优点。冲裁模的工作行程较小，选用橡胶块作为弹性卸料装置的弹性元件较为多见，但它耐油性很差且易老化。近年来也有选用聚氨酯橡胶作为弹性元件的，由于其性能比合成橡胶优异，不仅可获得较大的压力，而且使用寿命长。

第七节 导向、支承、紧固零件结构

在冲裁模结构中，除了前面介绍的各类零件或装置外，还需要依靠如图 2—7—1 所示的导向零件、支承零件、紧固零件等。它们共同配合，各司其职，一起完成预定的冲裁任务。

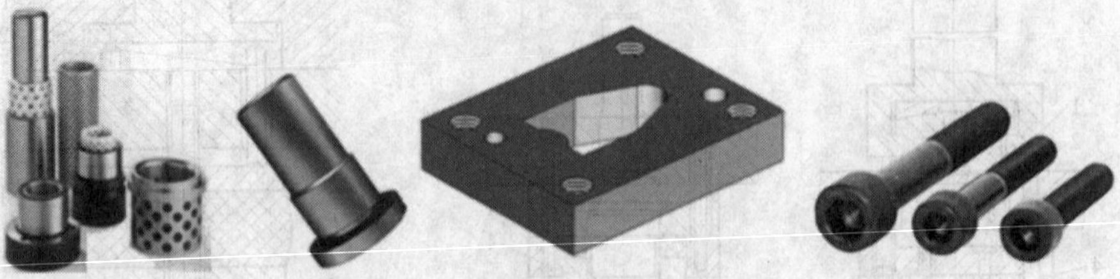

图 2—7—1　导向、支承、紧固零件

一、导向零件

导向零件是指保证运动导向和确定上、下模相对位置的零件。冲模工作时，除了压力机滑块对上模与下模进行导向外，对于生产批量大、要求使用寿命长、安装方便、精度高的冲压模具，都必须采用导向零件。常用的导向零件有导板、导柱、导套。

1. 导板

导板是为导正上、下模各零部件间相对位置而采用的淬硬或嵌有润滑材料的板状零件，其结构示意如图 2—7—2 所示。导板具有两个作用：一是在冲裁时起上、下模间的导向作用，二是在回程时起卸料作用。

图 2—7—2　导板结构

导板在固定卸料式模具中的应用示例如图 2—7—3 所示，为了保证导向作用，在模具工作时，要求凸模始终不脱离导板；为了使导向可靠，要求导板具有足够的厚度，一般取等于或稍小于凹模厚度。

需要说明的是，导板导向存在着很大的局限性。首先，由于凸模要兼作导向件，其截面尺寸不能太小，也不宜太复杂，对于特别细长的冲孔凸模，为了保护凸模不被折断，通常应考虑增加凸模保护套，使凸模在整个工作过程中始终导向且不致弯曲折断，其结构示意如图 2—7—4 所示。其次，在使用中，不允许凸模与导板脱离，使压力机选用受到限制，只能使用行程可调压力机。另外，由于导板导向式冲裁模采用固定卸料方式，故不适合冲压薄料。因此，导板导向式冲裁模适用于板料厚度大于 0.8 mm、形状较简单的落料工序。

2. 导柱、导套

导柱、导套是相互配合，保证运动导向和确定上、下模相对位置的圆柱形和圆筒

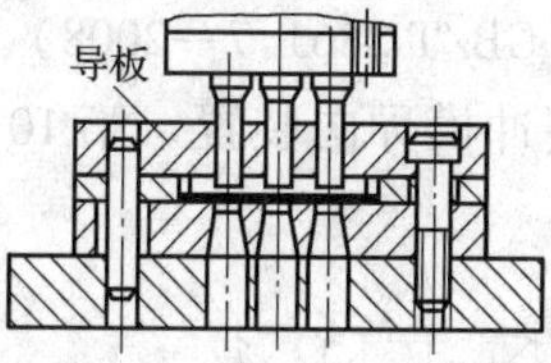

图 2—7—3 导板导向应用示例

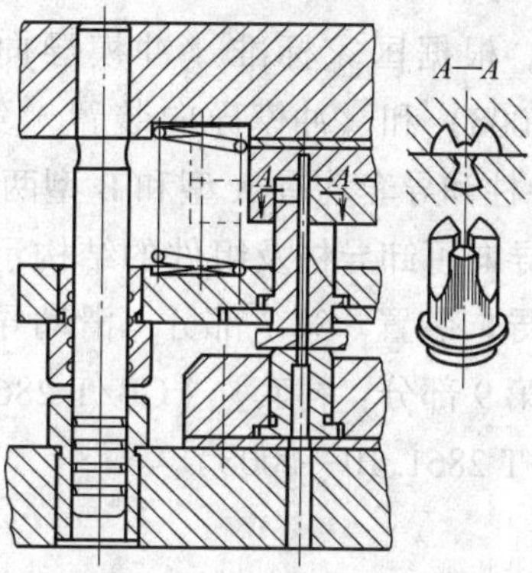

图 2—7—4 带凸模保护套模具结构

形零件，是使用最为广泛的导向零件，其结构示意如图 2—7—5 所示，其中，滚珠导柱、导套适用于高速冲模、薄料（$t<0.5$ mm）、无间隙冲裁、精密冲裁、硬质合金模及其他精密冲模。

图 2—7—5 导柱、导套结构

a）滑动导柱、导套 b）滚珠导柱、导套

（1）滑动导柱、导套

如图 2—7—6 所示为常用的滑动导柱、导套结构，其中，导套孔上有用以存油润

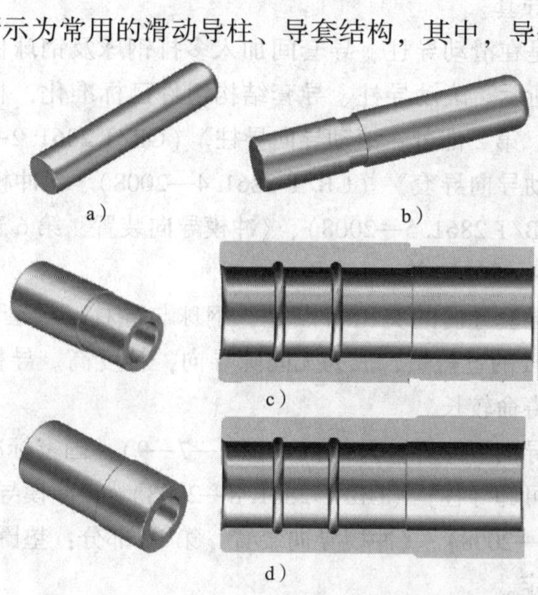

图 2—7—6 滑动导柱、导套结构

a）A 型导柱 b）B 型导柱 c）A 型导套 d）B 型导套

滑的油槽。根据国家标准《冲模导向装置　第 1 部分：滑动导向导柱》（GB/T 2861. 1—2008）和《冲模导向装置　第 3 部分：滑动导向导套》（GB/T 2861. 3—2008），导柱和导套均有 A 型和 B 型两种结构。

滑动导向可卸导柱及组件的结构示意如图 2—7—7 所示。相关内容可查阅国家标准《冲模导向装置　第 7 部分：滑动导向可卸导柱》（GB/T 2861. 7—2008）、《冲模导向装置　第 9 部分：衬套》（GB/T 2861. 9—2008）、《冲模导向装置　第 10 部分：垫圈》（GB/T 2861. 10—2008）等。

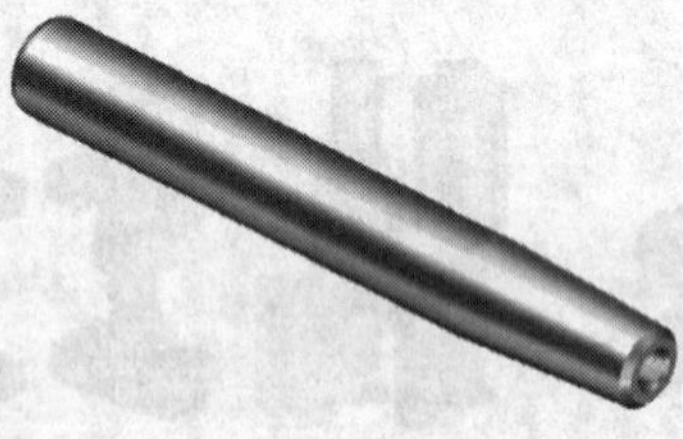

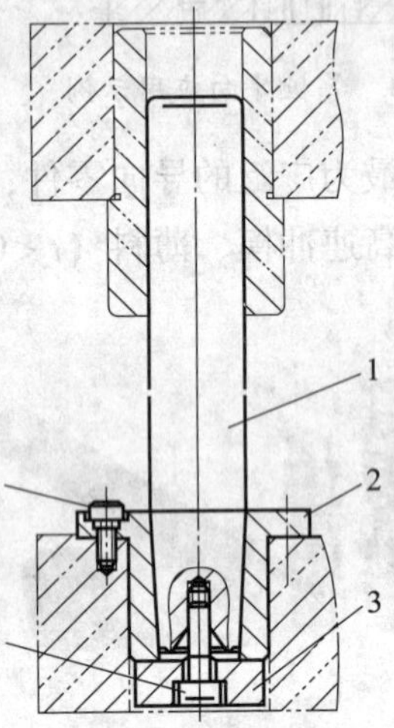

图 2—7—7　滑动导向可卸导柱及组件
1—导柱　2—衬套　3—垫圈　4、5—螺钉

（2）滚动导柱、导套

滚动导柱、导套是在滑动导柱、导套间加入多排钢球及钢球保持圈而构成，其结构示意如图 2—7—8 所示。滚动导柱、导套结构组件已标准化，相关标准包括：国家标准《冲模导向装置　第 2 部分：滚动导向导柱》（GB/T 2861. 2—2008）、《冲模导向装置　第 4 部分：滚动导向导套》（GB/T 2861. 4—2008）、《冲模导向装置　第 5 部分：钢球保持圈》（GB/T 2861. 5—2008）、《冲模导向装置　第 6 部分：圆柱螺旋压缩弹簧》（GB/T 2861. 6—2008）等。

采用滚动导柱、导套导向的突出特点是，钢球与导柱、导套之间不但没有间隙，而且有 0. 01 ~0. 02 mm 的过盈量，成为无间隙导向，精度高。导柱与导套之间采用滚动摩擦，其磨损小，寿命较长。

另外，对于滚动导向可卸导柱及组件（图 2—7—9），国家标准《冲模导向装置　第 8 部分：滚动导向可卸导柱》（GB/T 2861. 8—2008）、《冲模导向装置　第 9 部分：衬套》（GB/T 2861. 9—2008）、《冲模导向装置　第 10 部分：垫圈》（GB/T 2861. 10—2008）等做了相应规定。

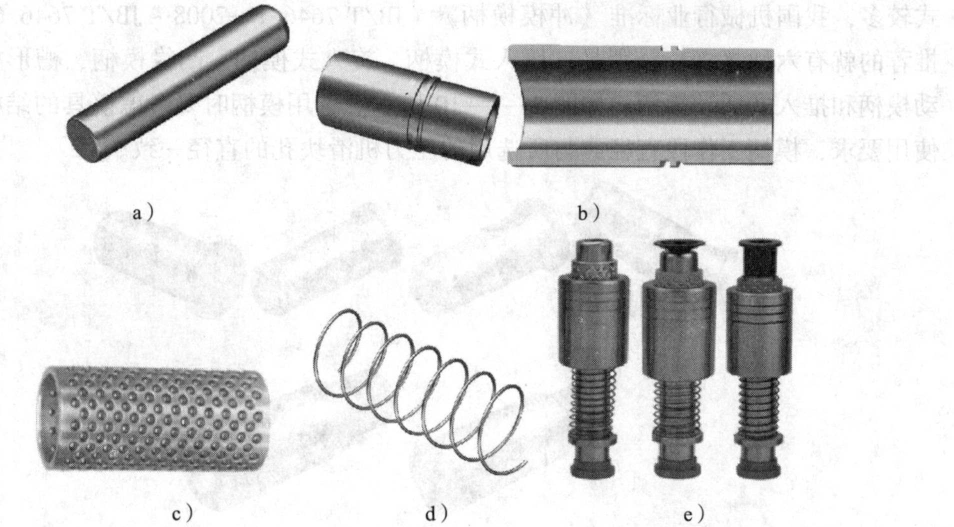

图 2—7—8　滚动导柱、导套结构

a）滚动导向导柱　b）滚动导向导套　c）钢球保持圈　d）圆柱螺旋压缩弹簧　e）组件

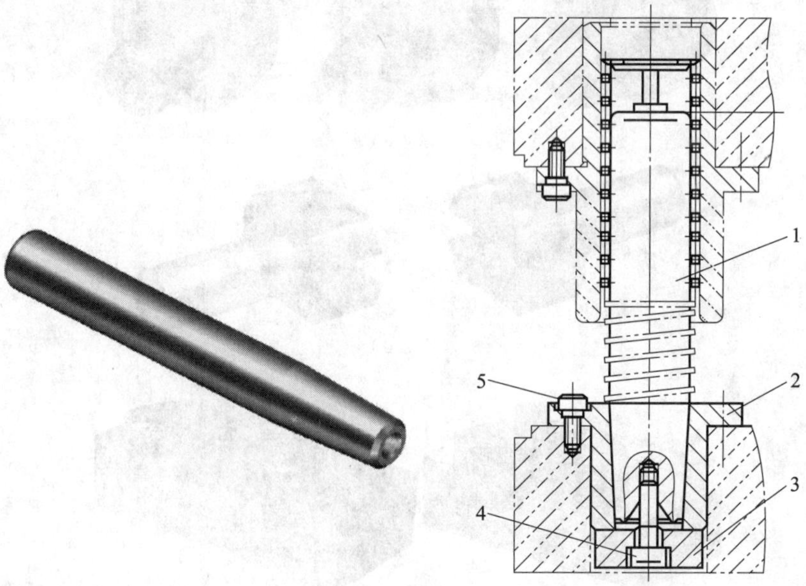

图 2—7—9　滚动导向可卸导柱及组件

1—导柱　2—衬套　3—垫圈　4、5—螺钉

二、支承零件

模具的支承零件有模柄、固定板、垫板等。

1. 模柄

作为使模具与压力机的中心线重合，并把上模固定在压力机滑块上的连接零件，模柄一般用于中小型模具中，通常对应压力机的吨位在 1 000 kN 以下。模柄的结构形

式较多，我国机械行业标准《冲模模柄》（JB/T 7646.1—2008 ~ JB/T 7646.6—2008）推荐的就有六种之多，分别是：压入式模柄、旋入式模柄、凸缘模柄、槽形模柄、浮动模柄和推入式活动模柄，如图 2—7—10 所示。选用模柄时要考虑模具的结构特点和使用要求，模柄工作段直径应与所选用的压力机滑块孔的直径一致。

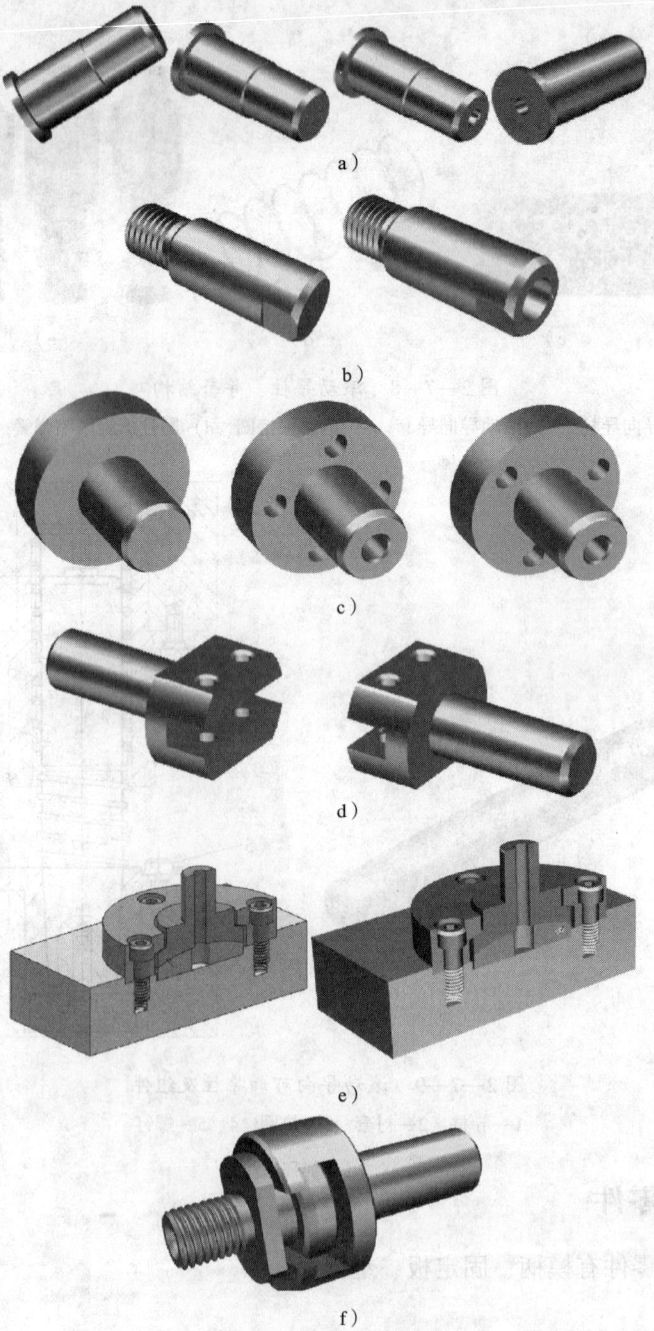

图 2—7—10　模柄结构

a）压入式模柄　b）旋入式模柄　c）凸缘模柄　d）槽形模柄　e）浮动模柄　f）推入式活动模柄

各种结构形式模柄的特点及应用见表 2—7—1。

表 2—7—1　　各种结构形式模柄的特点及应用

结构形式	特点及应用
压入式模柄	有 A 型和 B 型两种类型。固定端与上模板安装孔采用 H7/m6 过渡配合，并加销钉防止转动。装配后模柄轴线与上模座垂直度比旋入式模柄好，适用于模板较厚的中、小型模具
旋入式模柄	有 A 型和 B 型两种类型。通过螺纹与上模板连接，上端两平行面供扳手旋紧用。为了防止松动，拧入螺钉。这种结构的模柄装卸方便，多用于有导柱的小型冲模
凸缘模柄	有 A 型、B 型和 C 型三种类型。在上模座加工出容纳模柄大凸缘的沉孔，与凸缘为 H7/h6 配合，并用 3 个或 4 个内六角螺钉进行固定。模柄的凸缘厚度一般不到模座厚度的一半，模座凸缘以下部分仍可加工出型孔，以便容纳推件装置的顶板。这种模柄多用于大型模具或上模座中开设推板孔的中、小型模具
槽形模柄	槽形模柄便于固定非圆凸模，并使凸模结构简单、容易加工。凸模与模柄槽可取 H7/m6 配合，在侧面打入两个销钉，防止拔出。为了便于打入销钉，模柄槽两侧的孔径是不同的，打入销钉一侧的孔径比另一侧的孔径大 0.5 mm。槽形模柄主要用于弯曲模，也可以用于冲非圆孔的冲孔模、切断模等
浮动模柄	由凹球面模柄、凸球面垫块、锥面压圈和螺钉等零件组成。模柄与上模座不是刚性连接，允许模柄在工作过程中产生少许倾斜。采用浮动模柄，可避免由于压力机滑块导向精度不高对模具导向装置产生的不利影响，减少对模具导向件的磨损，延长其使用寿命，使模具导向装置长期保持良好的导向精度。浮动模柄适用于需精确导向且导向装置在工作中始终不分离的精密冲模，如硬质合金模、精冲模等
推入式活动模柄	由模柄接头、凹球面垫块、活动模柄等零件组成。特点及应用与浮动模柄类似

除上述结构形式外，在小型的简单冲模中，还可采用把模柄与模板（或凸模）做成整体的结构。

2. 固定板和垫板

固定板包括凸模固定板（其示例如图 2—7—11 所示）和凹模固定板，它们是用于安装和固定凸模（凸凹模）和凹模的板状零件。标准凸模固定板有圆形、矩形和单凸模固定板等多种形式。

作为设在凸、凹模与模座间，承受和分散冲压负荷的板状零件，垫板是模具正常工作的有力保证。是否需要加设垫板，取决于冲压时模座所受压应力是否超过模座材料的许用压应力。

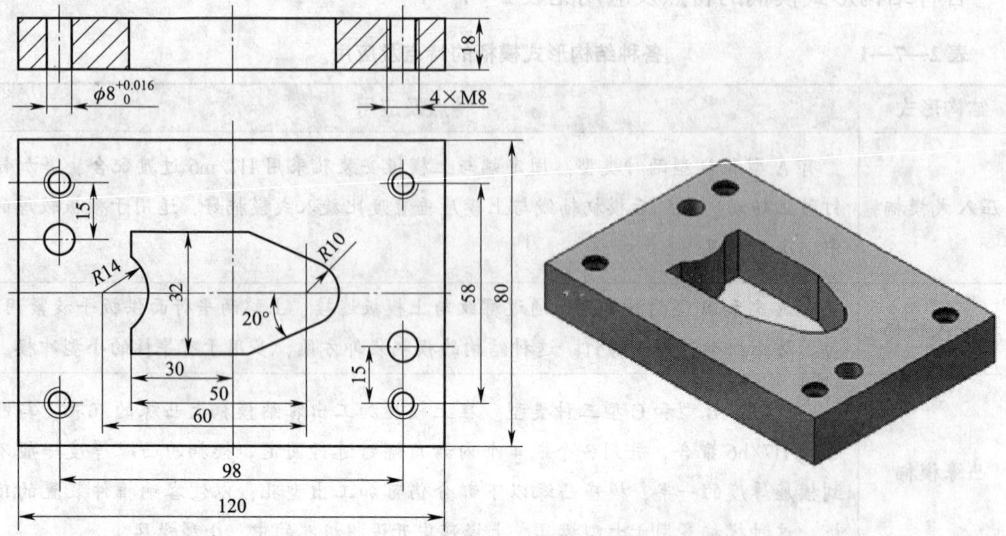

图 2—7—11　凸模固定板

我国机械行业标准《冲模模板　第 2 部分：矩形固定板》（JB/T 7643. 2—2008）、《冲模模板　第 5 部分：圆形固定板》（JB/T 7643. 5—2008）、《冲模模板　第 3 部分：矩形垫板》（JB/T 7643. 3—2008）和《冲模模板　第 6 部分：圆形垫板》（JB/T 7643. 6—2008）等对固定板和垫板做了相应规定和选择推荐。

三、紧固零件

模具中的销钉和螺钉一般都采用标准件，主要起定位、连接、拉紧冲模零件的作用。螺钉最好选用内六角圆柱头螺钉（GB/T 70. 1—2008），这种螺钉安装方便，紧固可靠，便于将螺钉头部埋入板内，使模具外形美观。一般用 M6 ~ M12 螺钉，螺钉的数量视被紧固零件的外形尺寸及受力大小而定，大多采用 6 个，特殊情况可采用 4 个，螺钉的布置应对称，使紧固的零件受力均衡。销钉常采用圆柱销（GB/T 119. 1—2000），起定位作用时，两块板之间圆柱销应不少于两个，其直径与螺钉上的螺纹直径相同，若零件受到的错移力较大时，可选用大的销钉，销钉的最小配合长度常取销钉直径的 1. 5 倍。

第三章

其他冲压工艺与模具结构

除冲裁工艺外，冲压生产中其他冲压工艺的应用也非常广泛，如弯曲、拉深、胀形、翻边、缩孔等，它们共同配合，完成各种板类制件的冲压生产。有些制件的生产还需要通过冷挤压工艺来完成。

第一节　弯曲工艺与模具结构

弯曲是冲压生产中应用较广泛的一种基本加工方法，属于成形工序。它可用于生产制造大型结构件，如飞机机翼、汽车大梁、锅炉炉体等；也可用于小型机器及电子仪器仪表零件的加工，如铰链、电子元器件等。它一般适用于板料、棒料、管料的成形加工。零件能否弯曲成形，须经弯曲工艺分析。如图 3—1—1 所示为某年生产量为 30 000 件、材料为 Q235、厚度为 3 mm 的轴瓦钢背制件，生产实际中，通过弯曲工艺成形和弯曲模来完成该零件的成形。

一、弯曲工艺

1．弯曲及其变形过程

通过冲压使金属板料等产生塑性变形，形成一定角度，从而获得所需零件形状的工艺方法称为弯曲。弯曲是冲压的基本工序之一，在冲压生产中占有很大的比例。

根据弯曲成形方式的不同，具体弯曲方法可分为压弯、拉弯、折弯和滚弯等。其中，最常见的是在压力机上进行压弯。需要指出的是，冲压时，若折弯线是直线则为弯曲，折弯线是曲线或圆弧则属于翻边，不属于弯曲，如图 3—1—2 所示。

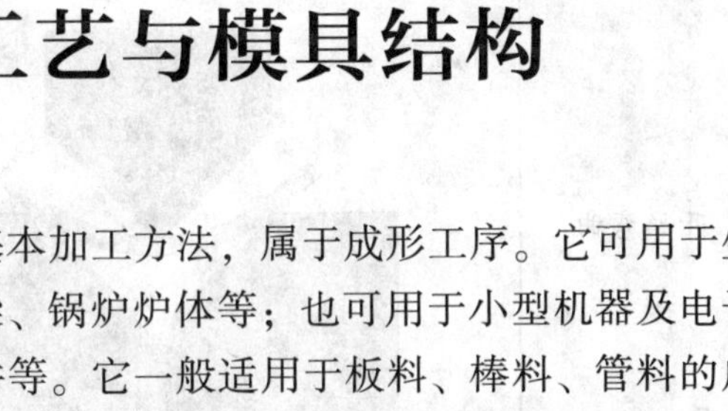

图 3—1—1　轴瓦钢背制件

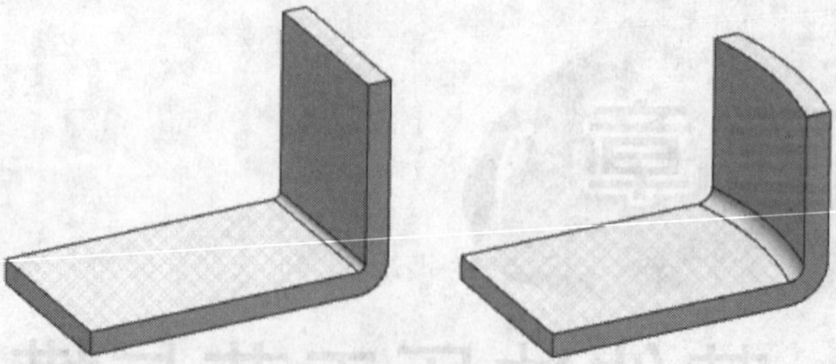

a）　　　　　　　　　　　　b）

图 3—1—2　弯曲与翻边的区别

a）弯曲　b）翻边

弯曲变形过程是依靠相应模具的压料动作实现的。在冲压加工中，弯曲变形有多种形式，现以板料毛坯的 V 形弯曲变形加以说明，其过程见表 3—1—1。

表 3—1—1　　　　　　　　　弯曲变形过程

弯曲阶段	图例	变形过程说明
开始弯曲	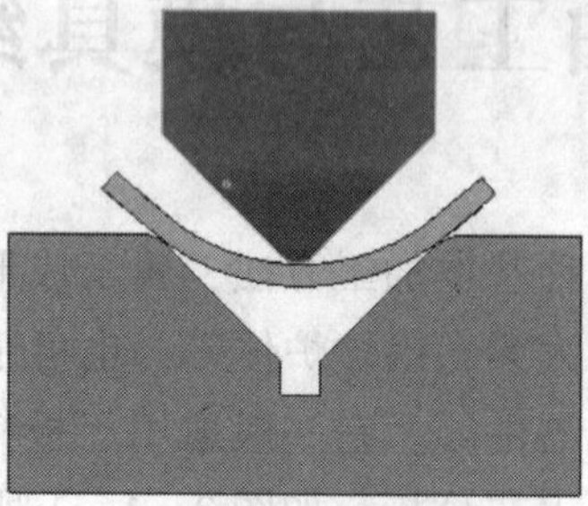	板料毛坯自由弯曲
凸模下压	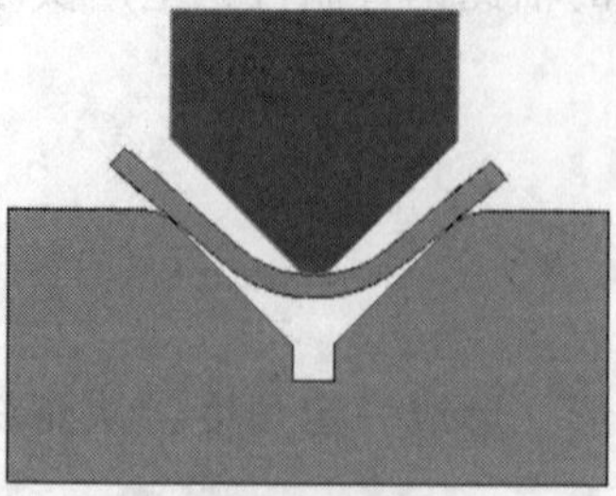	板料毛坯与凸模工作表面逐渐靠紧，板料内层（上表面）弯曲半径和板料弯曲力臂逐渐变小
继续下压	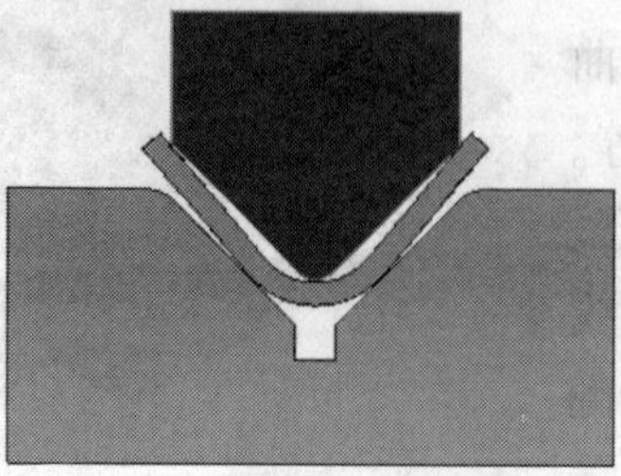	板料弯曲变形区域逐渐减小，直到与凸模三点接触，板料内层（上表面）弯曲半径和板料弯曲力臂继续变小

续表

弯曲阶段	图例	变形过程说明
行程终了	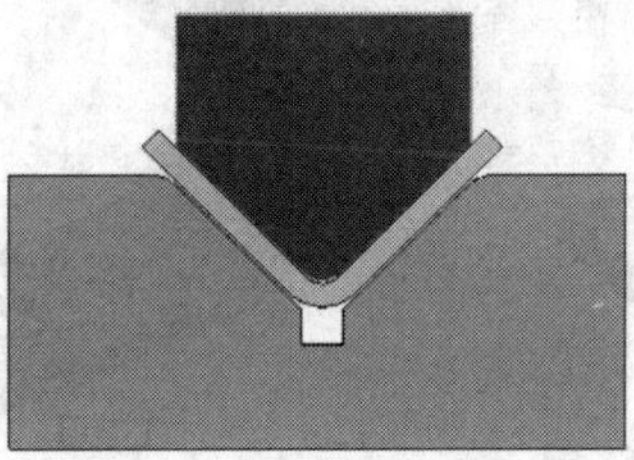	凸模、凹模对弯曲毛坯进行校正，使其圆角、直边与凸模及凹模弯曲贴紧

不难看出，弯曲分自由弯曲和校正弯曲。当弯曲终了时，凸模、坯料和凹模三者吻合后，凸模不再下压，称为自由弯曲，否则称为校正弯曲，校正弯曲将使制件产生更准确的塑性变形。

通过弯曲变形分析可以发现，弯曲时塑性变形只发生在板料的圆角处，直边部分除与圆角相邻的过渡部分有少量的变形外，其余未发生塑性变形。

需要指出的是，弯曲变形时，在毛坯变形区域内，内层材料受到压缩，外层材料受到拉伸，且压缩和拉伸的程度都是表层最大，向中间逐渐减小。在内层与外层之间存在着材料纤维既不缩短也不伸长的中性层。通常根据中性层的展开长度来确定弯曲件毛坯长度。

2. 制件的弯曲工艺性分析

制件对弯曲工艺的适应能力称为制件的弯曲工艺性。设计具有良好工艺性的弯曲件，不仅容易保证弯曲件精度，提高生产效率，而且能简化弯曲工艺与模具结构、节约材料等。因此，在满足使用要求的前提下，应充分考虑弯曲成形的工艺特点，使制件具有良好的弯曲工艺性。

制件的弯曲工艺性主要包括制件的形状、弯曲半径、最小弯曲高度、弯曲角的孔边距、制件的精度等级、制件的尺寸标注、局部弯曲的工艺结构等。

（1）弯曲件的形状

设计弯曲件时，其形状力求简单，最好左右对称、宽度相等，弯曲半径左右一致，以保证弯曲时毛坯不会因摩擦阻力不等而产生侧向滑动，其结构示意如图 3—1—3 所示。

对于窄而长的弯曲件或形状比较复杂的弯曲件，在结构设计上应设置定位工艺孔，以防弯曲时产生侧滑，其结构如图 3—1—4 所示。对于非对称的小型弯曲件，应采用左右对称件成对弯曲工艺，然后剖切为两件。

（2）弯曲半径

弯曲件内层材料的半径称为弯曲半径。弯曲时，弯曲半径过小，将使外层材料拉应力达到或超过材料的强度极限 R_m，从而导致材料外层出现断裂，弯曲件报废。因此，板料弯曲存在一个最小弯曲半径许可值，弯曲件的最小弯曲半径不得小于表 3—1—2 所列数值。

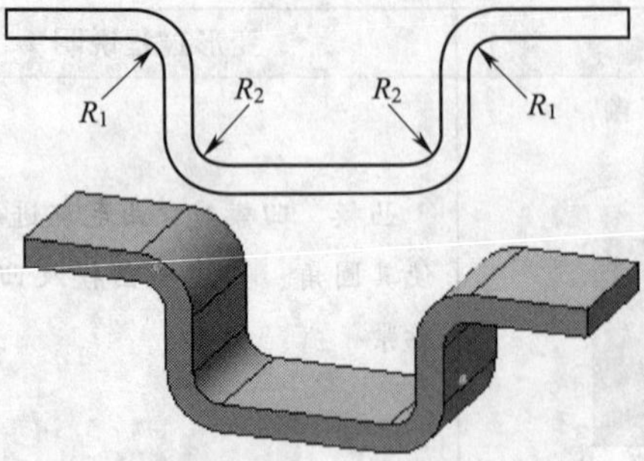

图 3—1—3　形状对称的弯曲件

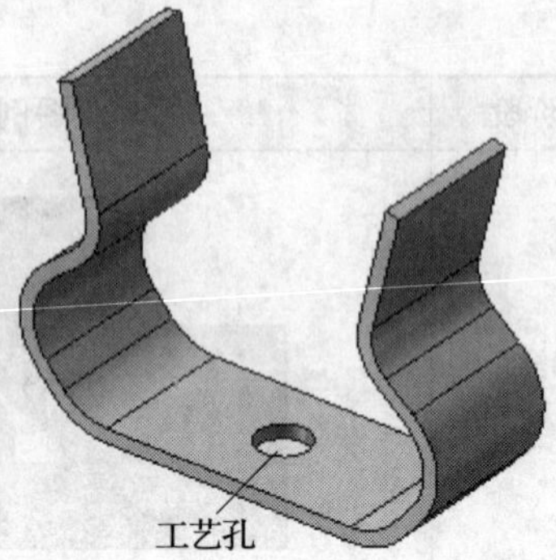

图 3—1—4　添加工艺孔的弯曲件

表 3—1—2　　　　　　　　常用材料的最小弯曲半径

材料	退火或正火状态		冷作硬化状态	
	弯曲线位置			
	垂直轧制纹向	平行轧制纹向	垂直轧制纹向	平行轧制纹向
08、10、Q195、Q215	0.1t	0.4t	0.4t	0.8t
15、20、Q235	0.1t	0.5t	0.5t	t
25、30、Q255	0.2t	0.6t	0.6t	1.2t
35、40、Q275	0.3t	0.8t	0.8t	1.5t
45、50	0.5t	t	t	1.7t
55、60	0.7t	1.3t	1.3t	2t
65Mn、T7	t	2t	2t	3t
Cr18Ni9Ti	t	2t	3t	4t
硬铝（软）	t	1.5t	1.5t	2.5t
硬铝（硬）	2t	3t	3t	4t
磷青铜	—	—	t	3t
黄铜（半硬）	0.1t	0.35t	0.5t	1.2t
黄铜（软）	0.1t	0.35t	0.35t	0.8t
紫铜	0.1t	0.35t	t	2t
铝	0.1t	0.35t	0.5t	t
镁合金 MB1	加热到 300～400℃		6t	8t
	2t	3t	6t	8t
钛合金 BT5	加热到 300～400℃		5t	6t
	3t	4t	5t	6t

注：①当弯曲线与轧制纹向成一定角度时，可采用垂直轧制纹向和平行轧制纹向之间的数值。

②对在冲裁后没有退火的坯料进行弯曲时，应作为硬化的金属材料来选用。

③弯曲操作时应使有毛刺的一边处于弯角的内侧。

④表中 t 为板料厚度，表中数据适用于弯曲角≥90°。

需要提醒的是，如果实际弯曲半径很小时，可分两次弯曲。先弯成较大的半径，然后退火，再弯成工件要求的尺寸。另外，对于弯曲半径较小的直壁零件，采用热变形或预先沿弯曲区内侧开槽后再进行弯曲。

（3）最小弯曲高度

在弯曲件成形过程中，直边高度 h 不宜过小，以免因弯边高度不足而影响弯曲质量。通常弯边高度应不小于料厚的 2.5 倍；否则，应先压槽弯曲或加大直边高度，待弯曲完成后将高出部分切除，其示意如图 3—1—5 所示。

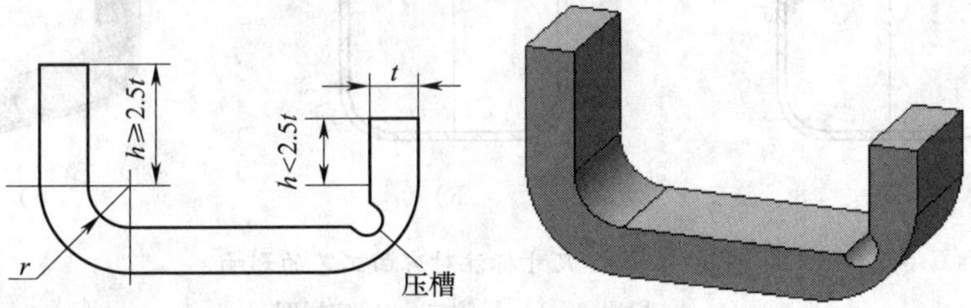

图 3—1—5　弯曲件直边高度

（4）弯曲角的孔边距

采用弯曲工艺时，弯曲前在毛坯上冲制的孔，应位于弯曲变形区以外，否则孔的形状会发生畸变。孔壁至弯曲半径中心的距离 L 应保证：当 $t<2$ mm 时，$L\geqslant t$；当 $t\geqslant 2$ mm 时，$L\geqslant 2t$，其示意如图 3—1—6 所示。

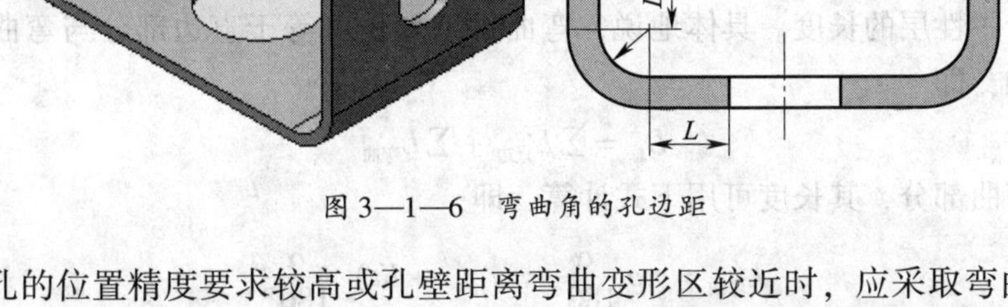

图 3—1—6　弯曲角的孔边距

如果孔的位置精度要求较高或孔壁距离弯曲变形区较近时，应采取弯曲后冲制的方法。另外，还可以在弯曲变形区冲出工艺孔或缺口及槽等，以转移变形区。

（5）弯曲件的精度等级

一般来说，弯曲件的尺寸公差等级最好不高于 IT13 级，角度公差最好不小于 ±15′。如果对弯曲件的尺寸精度要求较高，则必须在结构设计上设置定位工艺孔；如果对角度公差要求较高，则应增加整形工序或允许零件弯曲部位表面有轻微擦伤。

(6) 弯曲件的尺寸标注

采用弯曲工艺时，弯曲件尺寸标注的不同，可能会影响冲压工序的安排。例如，如图 3—1—7 所示弯曲件，若按图 3—1—7a 所示标注孔边距尺寸，则工艺相对简单；若按图 3—1—7b 所示标注尺寸，则冲孔最好安排在弯曲之后进行。

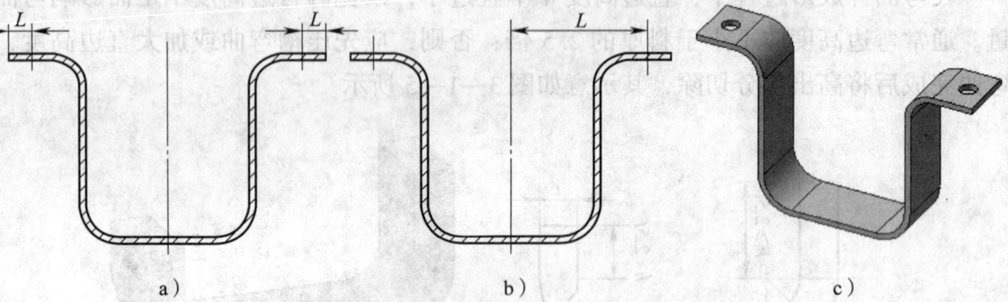

图 3—1—7　尺寸标注对弯曲工艺的影响

a）标注一　b）标注二　c）实样图

(7) 局部弯曲的工艺结构

对于零件边缘需进行局部弯曲的弯曲件，为避免弯角部位因应力集中产生撕裂，应增添工艺孔、工艺槽等，其结构示意如图 3—1—8 所示。

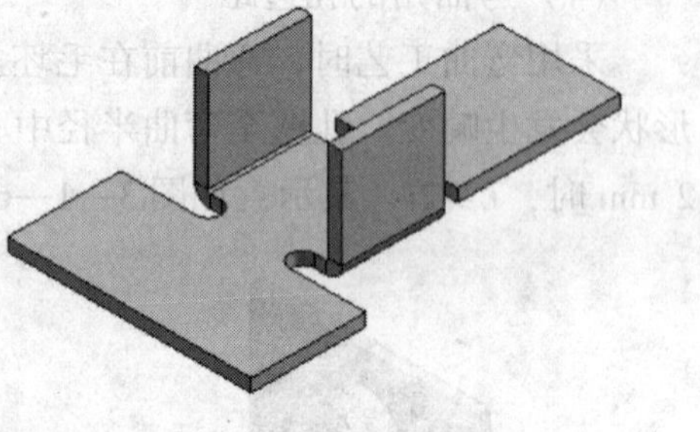

图 3—1—8　局部弯曲的工艺结构

3. 弯曲工艺计算

实施弯曲工艺，离不开相应的工艺计算。下面主要介绍弯曲件毛坯长度的确定及弯曲力的计算。

(1) 弯曲件毛坯长度的确定

因材料弯曲变形区成形后外层伸长，内层缩短，中性层长度不变，所以弯曲件毛坯长度等于中性层的长度。具体地说，弯曲件毛坯长度等于直边部分与弯曲部分中性层长度之和，即

$$L_{总} = \sum L_{直边} + \sum L_{弯曲}$$

对于弯曲部分，其长度可用下式计算，即

$$L_{弯曲} = \pi\rho \frac{\alpha}{180°} = \pi\ (r + Kt)\ \frac{\alpha}{180°}$$

式中　ρ——弯曲部分中性层曲率半径，mm；

α——弯曲中心角或圆心角，(°)；

r——弯曲半径，mm；

K——中性层位置系数，其值见表 3—1—3；

t——材料厚度，mm。

表 3—1—3　　中性层位置系数

r/t	0.25	0.5	0.8	1	2	3	4	5	6	7	8	10	12	14	≥16
K	0.2	0.25	0.3	0.35	0.37	0.4	0.41	0.43	0.44	0.45	0.46	0.47	0.48	0.49	0.5

需要指出的是，当材料厚度一定时，弯曲半径越大，变形越小，中性层越接近于材料厚度的几何中心，即 K 接近于 0.5。实际生产中，弯曲件毛坯长度一般要经过试模后确定。另外，弯曲件毛坯长度可利用 Solidworks、UG 等软件的展开设计功能进行测定，也可以通过 AutoCAD 软件进行测定。

（2）弯曲力的计算

弯曲力是选择冲压设备和进行弯曲模设计的重要依据。在生产实际中，弯曲力通常用经验公式进行计算，相关计算内容及说明见表 3—1—4。

表 3—1—4　　弯曲力计算

计算内容	计算公式
V 形件自由弯曲力	$F_w = \dfrac{0.6Bt^2R_m}{r+t}$
U 形件自由弯曲力	$F_w = \dfrac{0.7Bt^2R_m}{r+t}$
校正弯曲力	$F_j = pA$
顶件力	$F_d =$ （0.1 ~ 0.4）F_w
压料力	$F_y =$ （0.3 ~ 0.8）F_w
弯曲吨位	自由弯曲时：$F_{冲} \geqslant F_w + F_d$ 校正弯曲时：$F_{冲} \geqslant F_j$

说明：B——弯曲件的宽度，mm；

t——弯曲件的厚度，mm；

r——弯曲件的弯曲半径，mm；

R_m——材料的强度极限，MPa；

p——单位校正力，MPa，具体选择参见表 3—1—5。

表 3—1—5　　单位校正力 p 的选择　　MPa

材料	材料厚度（mm）			
	<1	≥1 ~ 3	≥3 ~ 6	≥6 ~ 10
铝	15 ~ 20	20 ~ 30	30 ~ 40	40 ~ 50
黄铜	20 ~ 30	30 ~ 40	40 ~ 60	60 ~ 80
10、20	30 ~ 40	40 ~ 60	60 ~ 80	80 ~ 100
25、30	40 ~ 50	50 ~ 70	70 ~ 100	100 ~ 120

4. 弯曲常见质量问题

在冲床上采用模具进行压弯加工时，常常会出现一些质量问题，其中，弯裂、回弹和偏移最为常见。

（1）弯裂

弯曲时，由于弯曲件材料外层纤维受拉且变形最大，所以最容易出现裂纹而造成弯曲件报废。外层纤维拉伸变形的大小，主要取决于弯曲件的弯曲半径（等于对应弯曲模凸模圆角半径）和弯曲件材料厚度。弯曲半径越小，材料厚度越大，弯裂的可能性越大。为了防止弯曲件的弯裂，必须限制弯曲半径，使之大于导致材料开裂之前的临界弯曲半径——最小弯曲半径。

（2）回弹

弯曲成形结束后，由于弹性变形的恢复，致使弯曲件的弯曲角度和弯曲半径发生变化，与模具尺寸不一致，这种现象称为回弹。

生产实际中，通常用回弹角 $\Delta\alpha$ 和曲率回弹量 $\Delta\rho$ 来表示回弹的大小。回弹角是指弯曲卸载前制件的弯曲角（弯曲凸模的弯曲角）与弯曲卸载后制件的实际弯曲角之差；曲率回弹量是指弯曲卸载前制件弯曲处的曲率半径（弯曲凸模圆角半径）与卸载后制件的实际曲率半径（弯曲半径）之差。

影响回弹的因素很多，如材料的力学性能、材料的相对弯曲半径 r/t 及弯曲中心角 α、弯曲件的形状、凸模和凹模间的间隙大小、弯曲时的校正程度等。在其他条件相同的情况下，回弹角随 r/t 的增大而增大。生产中一般根据经验数值进行简单的换算，初步确定回弹角的大小，然后在试模中进行修正。

单角自由弯曲，即自由弯曲 V 形件（其示意如图 3—1—9 所示），弯曲中心角为 90°时部分材料的平均回弹角（$\Delta\alpha_{90°}$）值可参考表 3—1—6。

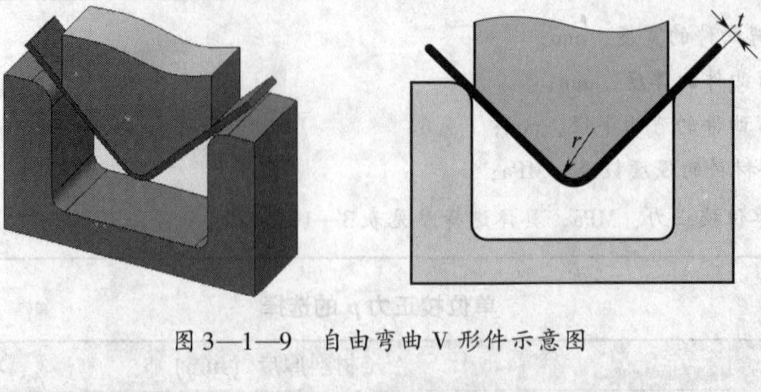

图 3—1—9　自由弯曲 V 形件示意图

（3）偏移

在弯曲变形过程中，当弯曲毛坯沿凹模圆角滑移时，会受到摩擦阻力的作用。由于各边所受摩擦阻力不等，在实际弯曲时，毛坯必然产生向左或向右的偏移，从而造成制件边长尺寸不符合要求的结果，对于不对称制件的弯曲，这种现象尤为显著，其结果示意如图 3—1—10 所示。

表 3—1—6 单角自由弯曲 90°时的平均回弹角

材料	r/t	材料厚度 t（mm）		
		<0.8	0.8~2	>2
软钢 $R_m=350$ MPa 黄铜 $R_m\leqslant350$ MPa 铝和锌	<1 1~5 >5	4° 5° 6°	2° 3° 4°	0° 1° 2°
中硬钢 $R_m=400\sim500$ MPa 硬黄铜 $R_m=350\sim400$ MPa 硬青铜 $R_m=350\sim400$ MPa	<1 1~5 >5	5° 6° 8°	2° 3° 5°	0° 1° 3°
硬钢 $R_m>550$ MPa	<1 1~5 >5	7° 9° 12°	4° 5° 7°	2° 3° 6°

注：①当弯曲中心角为 90°时，根据材料种类、厚度和 r/t 值直接在表中查出 $\Delta\alpha_{90°}$ 的值。

②当弯曲中心角不为 90°时，回弹角应做如下修正：

$$\Delta\alpha=\frac{\alpha}{90°}\Delta\alpha_{90°}$$

式中 $\Delta\alpha$——弯曲角度为 α 的制件的回弹角；

α——制件的弯曲角；

$\Delta\alpha_{90°}$——弯曲角为 90°自由弯曲时的回弹角。

③弯曲中心角为 90°制件进行校正弯曲时，回弹角应做如下修正：

$$\Delta\alpha_{校}=K\Delta\alpha_{90°}$$

式中 K 为修正系数，其值为：

$r/t=3$，$K=0.4\sim0.7$；

$r/t=5$，$K=0.3\sim0.4$；

$r/t=10$，$K=0.15\sim0.2$；

$r/t=15$，$K=0.05\sim0.1$；

$r/t=20$，$K=0\sim0.05$；

$r/t>20$，$K=0$。

实际弯曲生产中，常采用压料装置或在弯曲模具上装定位销的方法（如图 3—1—11），使毛坯在弯曲变形过程中无法移动，从而得到准确的制件尺寸，最终解决偏移问题。

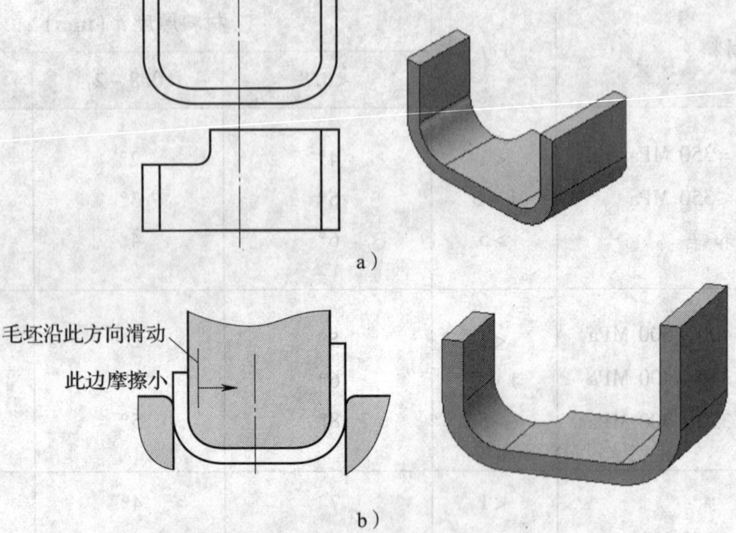

图 3—1—10　制件弯曲时的偏移现象

a）制件要求的形状　b）制件产生偏移后的形状

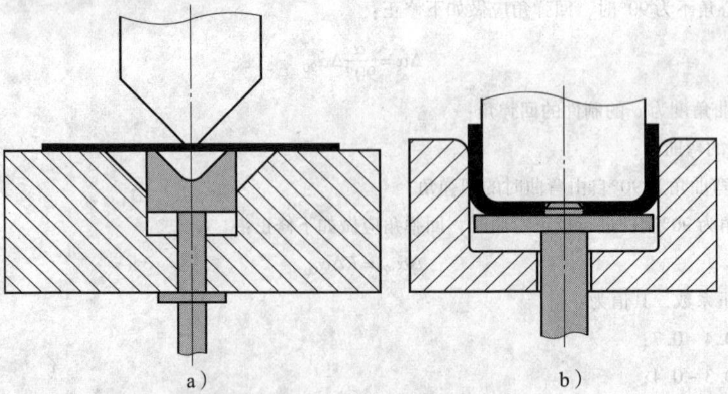

图 3—1—11　防止偏移的措施

a）加压料装置　b）装定位销

二、弯曲模结构

弯曲模是将制件弯曲成一定角度和形状的冲模。图 3—1—12 所示为弹簧吊耳制件及其成形用弯曲模，由于弹簧吊耳的生产批量较大，故上模、下模的导向选用导柱、导套。毛坯由顶板上两个定位销定位，这样可以保证毛坯在弯曲过程中不产生偏移。顶板不仅起顶料作用，而且起压料作用。压料力是利用弹簧或橡胶（图中未画）通过顶杆来实现的。为了防止制件卡在凸模上，模具上装有卸料杆，以确保在上模回程时将制件打下。

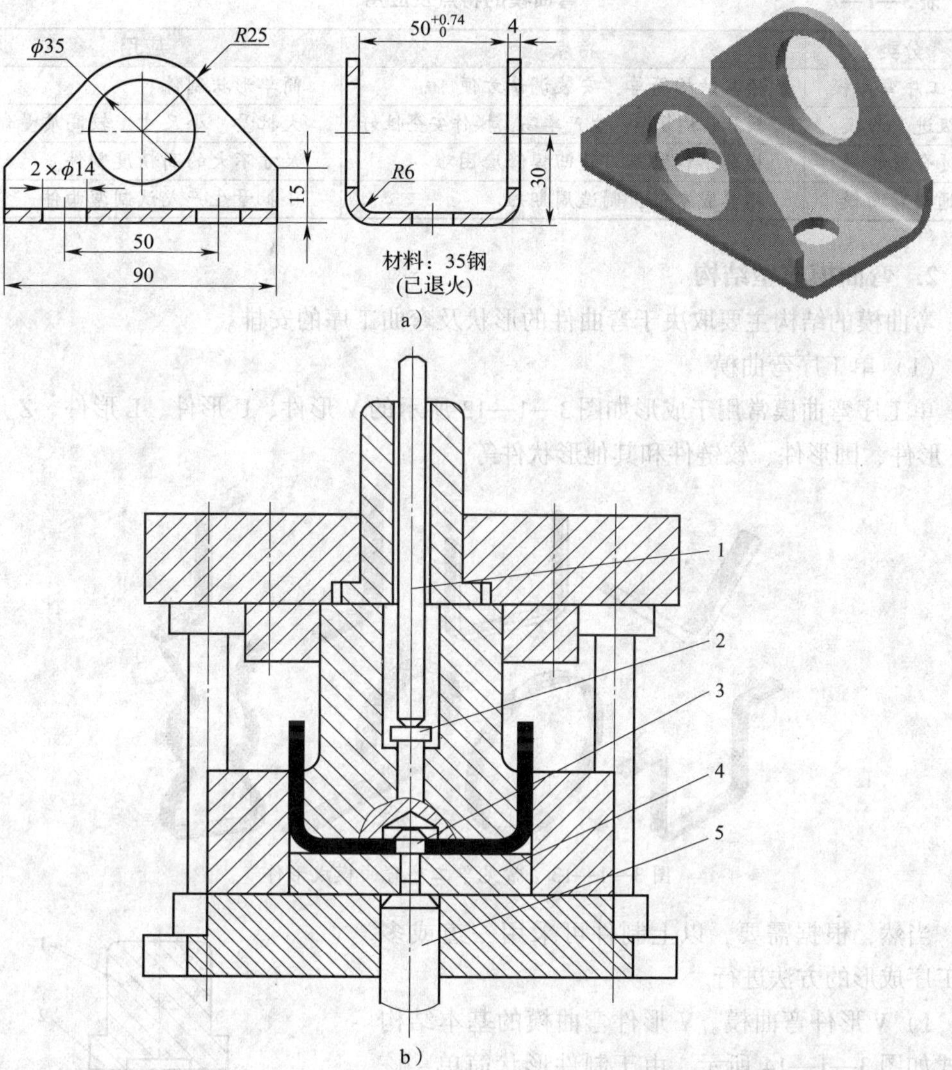

图 3—1—12 弹簧吊耳及其弯曲模

a）制件图 b）总装图

1—打料杆 2—卸料杆 3—定位销 4—顶板 5—顶杆

1. 弯曲模的分类及应用

由于弯曲件形状繁简不一，种类众多，因此弯曲模的结构类型多种多样。简单的弯曲模在工作时只需一个垂直运动，就能完成制件的成形，如 U 形件弯曲模和 V 形件弯曲模等。而复杂的弯曲模在工作时除垂直运动外，还需要一个或多个水平动作的配合，才能完成制件的成形。

常见的弯曲模结构类型主要有单工序弯曲模、级进弯曲模、复合弯曲模和通用弯曲模等，它们的特点及应用见表 3—1—7。

表 3—1—7　　弯曲模的特点及应用

分类	特点	应用
单工序弯曲模	模具结构简单，安装调试方便	简单形状制件
级进弯曲模	模具结构复杂，生产率高，操作安全性好	大批量、小尺寸、较高质量制件
复合弯曲模	模具结构紧凑，凸凹模修磨困难	尺寸不大的高精度制件
通用弯曲模	模具成本低，制造周期短	小批量生产或试制弯曲件

2. 弯曲模典型结构

弯曲模的结构主要取决于弯曲件的形状及弯曲工序的安排。

(1) 单工序弯曲模

单工序弯曲模常用于成形如图 3—1—13 所示的 V 形件、U 形件、L 形件、Z 形件、⎿⏌形件、圆形件、铰链件和其他形状件等。

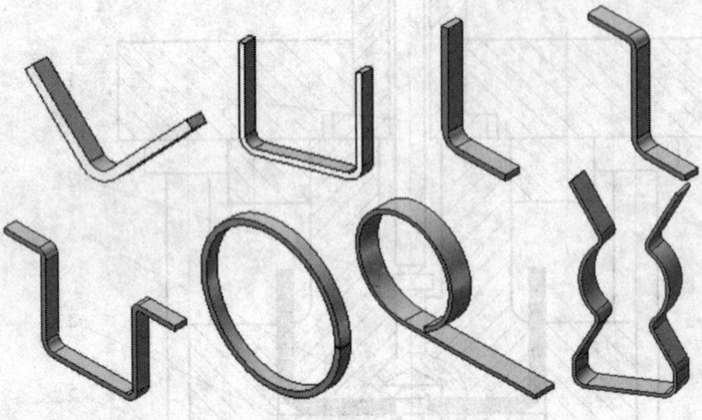

图 3—1—13　常见单工序弯曲模成形件

当然，根据需要，以上制件可采用一道或多道工序成形的方法进行。

1) V 形件弯曲模。V 形件弯曲模的基本结构形式如图 3—1—14 所示，由于制件形状简单，该模具的结构相对简单。该弯曲模中，凸模装在模柄上，并用销钉固定；凹模通过螺钉直接固定在下模座上；顶杆既起顶料作用，又起压料作用，并可防止毛坯在弯曲初期发生偏移。另外，通过适当调整，制件在冲压终了时，可得到一定程度的校正，以减小回弹，并提高制件的平面度。

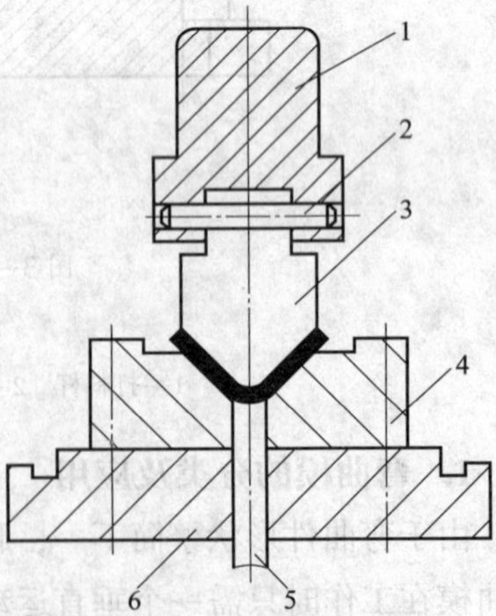

图 3—1—14　V 形件弯曲模基本结构形式

1—模柄　2—圆柱销　3—凸模
4—凹模　5—顶杆　6—下模座

2) U 形件弯曲模。简单的 U 形件弯曲模结构形式如图 3—1—15 所示。该弯曲模中，毛坯由定位板、定位销定位，成形时，顶板（压板）顶着毛坯，防止毛坯偏移；成形后，通过顶板和顶杆将制件顶起。

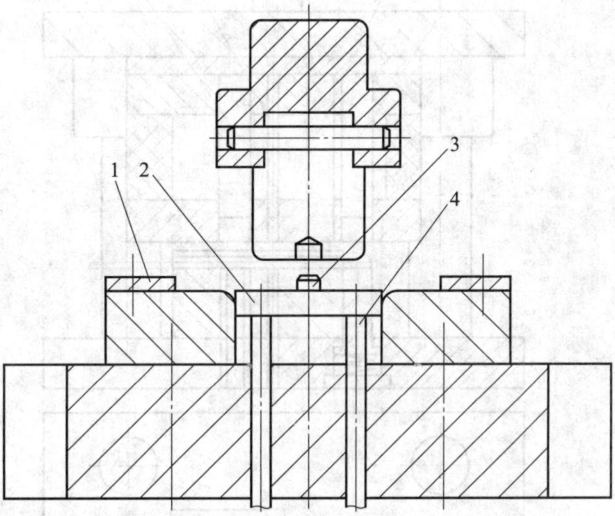

图 3—1—15 U 形件弯曲模结构形式

1—定位板 2—顶板 3—定位销 4—顶杆

需要指出的是，图 3—1—15 所示结构形式弯曲模为上出件 U 形件弯曲模，其主要特点是在凹模内设置了顶件装置，成形时顶板始终压紧毛坯，因此所得制件底部平整。另外，顶板上还装有定位销，利用制件上的孔（或工艺孔）定位，可方便成形直边高度不相等的 U 形件。当使顶板接触凹模下模座作为凹模底来使用时，可进行校正弯曲。

（2）级进弯曲模

对于批量大、尺寸小的弯曲件，为了提高生产效率和安全性，保证零件质量，可以采用级进弯曲模进行多工位的冲裁、弯曲、切断等工艺成形。图 3—1—16 所示为切边、冲孔、弯曲和切断级进弯曲模示例，该模具用以弯制侧壁带孔的双角弯曲。

（3）复合弯曲模

对于尺寸不大的弯曲件，还可以采用复合弯曲模成形，该类模具结构紧凑，零件精度高，不过凸凹模修磨比较困难。图 3—1—17 所示为落料弯曲复合模示例，该模具在压力机一次行程内，在模具同一位置上完成落料、弯曲两种不同的工序，实现 U 形件的弯曲。

（4）通用弯曲模

对于小批量生产或试制生产的弯曲件，生产中常采用通用弯曲模进行成形，以克服制造专用弯曲模成本高、周期长等缺点。图 3—1—18 所示为经过多次 V 形弯曲成形复杂零件的示意。

需要说明的是，采用通用弯曲模不仅可以成形一般的 V 形件、U 形件、乚厂形件，还可以成形精度要求不高的复杂形状，图 3—1—18 所示弯曲工艺通常在折弯机上使用通用弯曲模完成。

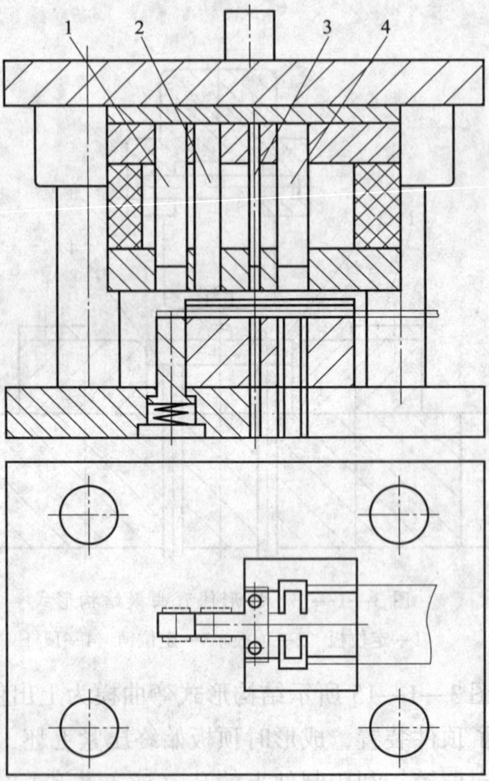

图 3—1—16　级进弯曲模
1—切断凸模　2—弯曲凸模　3—冲孔凸模　4—切边凸模

图 3—1—17　复合弯曲模
1—凸凹模（落料凸模、弯曲凹模）　2—落料凹模　3—弯曲凸模

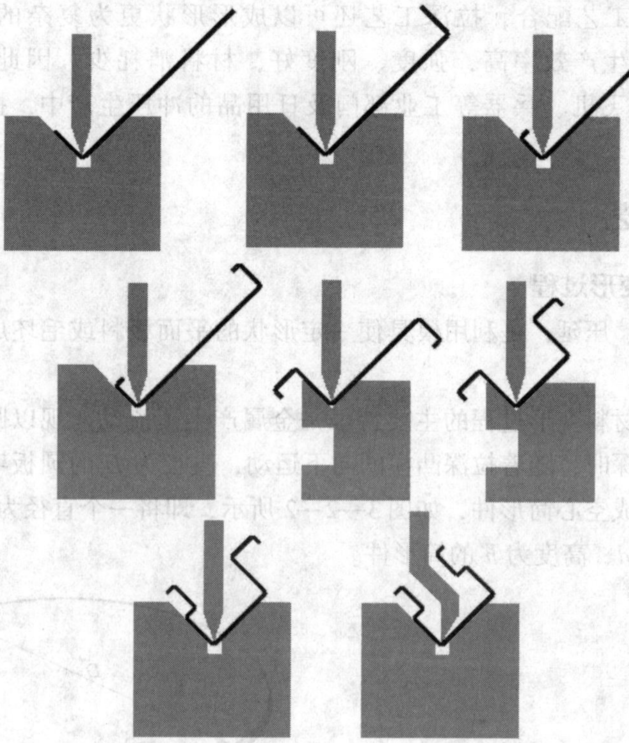

图 3—1—18　多次 V 形弯曲成形复杂零件示意

第二节　拉深工艺与模具结构

作为另一种应用广泛的变形工序，拉深工艺主要用来制造如图 3—2—1 所示圆筒形、圆锥形、矩形、阶梯形、球面形和其他不规则形状的薄壁零件。

图 3—2—1　常见拉深件

若与其他成形工艺配合，拉深工艺还可以成形形状更为复杂的制件。用拉深工艺制造薄壁件，生产效率高，强度、刚度好，材料消耗少。因此，在电子、电器、仪表、汽车、飞机、兵器等工业部门及日用品的冲压生产中，拉深工艺占有相当重要的地位。

一、拉深工艺

1. 拉深及其变形过程

拉深又称拉延、压延，是利用模具使一定形状的平面板料或毛坯成为开口空心零件的冲压方法。

拉深工艺中，材料变形过程的主要特征是金属产生了流动。现以圆筒形件的拉深加以简单说明，拉深时，随着拉深凸模的向下运动，直径为 D 的圆板毛坯经拉深凹模孔口拉下，逐渐形成空心筒形件，如图 3—2—2 所示，即将一个直径为 D 的平板毛坯，变成了一个直径为 d、高度为 h 的筒形件。

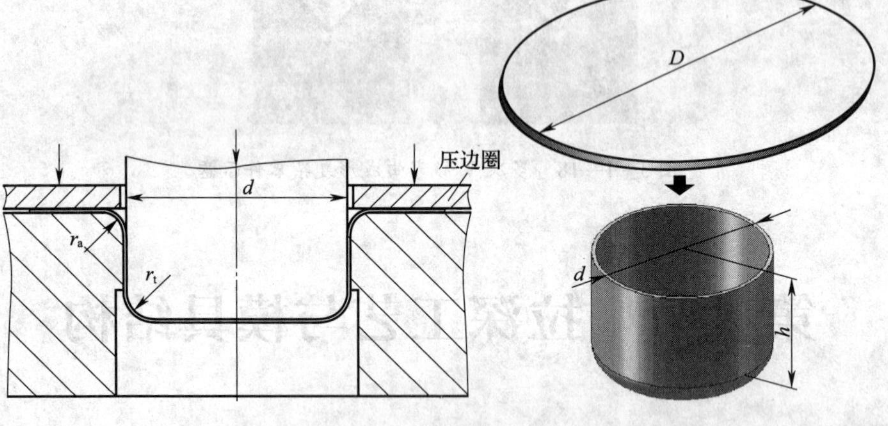

图 3—2—2　拉深过程示意图

2. 拉深件的工艺性分析

拉深件对拉深工艺的适应能力称为拉深件的工艺性，拉深件的工艺性对拉深模的设计有很大的影响。为了提高拉深时的变形程度，提高生产率和制件质量，降低生产成本，简化拉深模具设计和降低拉深模具制造难度，设计拉深件时应考虑以下几个方面的因素。

（1）拉深件的形状

拉深件的结构形状应简单对称，尽量避免急剧的外形变化。在使用条件允许的情况下，拉深件应尽可能采用如图 3—2—3 所示的轴对称回转体。

（2）拉深件的高度

拉深件的高度 h 对拉深成形的次数和成形质量有着重要的影响，筒形件一次成形高度（图 3—2—4）估算如下：

图 3—2—3 轴对称回转体制件

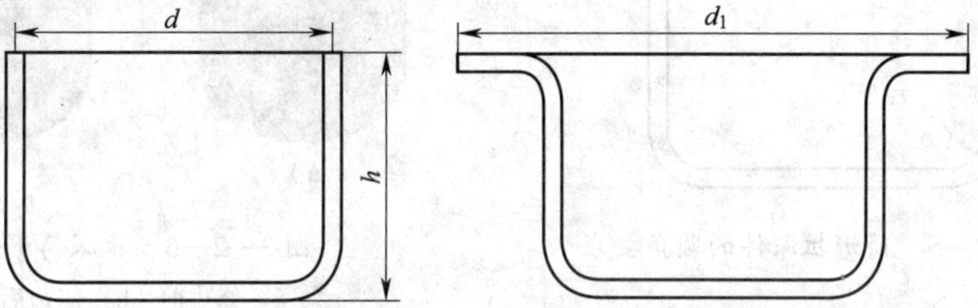

图 3—2—4 筒形件高度

无凸缘筒形件：$h \leqslant (0.5 \sim 0.7)\ d$（$d$ 为拉深件壁厚中径）；

带凸缘筒形件：$d_1/d < 1.5$ 时，$h \leqslant (0.4 \sim 0.6)\ d$（$d_1$ 为拉深件凸缘直径）。

另外，在拉深工艺设计中，必须知道制件是一道拉深工序拉成，还是需要多道拉深工序拉成，以便确定拉深工作需要几套拉深模具。确定合理的拉深高度，有利于减少拉深次数和拉深模具的数量。

（3）拉深件的圆角半径

一般来说，拉深件的圆角半径越大越好。如图 3—2—5 所示，拉深件的底部与直壁间内圆角半径最好取 $r_t \geqslant (3 \sim 5)\ t$（$t$ 为材料厚度），拉深件凸缘与筒壁间的圆角半径最好取 $r_a \geqslant (4 \sim 8)\ t$。为了有利于成形，拉深件的底部与直壁间内圆角应满足 $r_t \geqslant t$；拉深件凸缘与筒壁间的圆角半径 $r_a \geqslant 2t$。否则，要增加整形工序。

（4）拉深件的尺寸标注

拉深件的尺寸，应根据使用要求进行标注。即只标注内形尺寸或只标注外形尺寸，不能内、外形同时标注。另外，筒壁和底面连接处的圆角半径只能标注为内形尺寸，考虑到拉深后材料厚度的不均匀变化，材料厚度也不宜标注在筒壁或凸缘上。

（5）拉深件的尺寸精度

一般圆筒形拉深件的尺寸精度可达 IT8 ~ IT10；对于一般异形件，可低一、二级。对于精度要求较高的拉深件，需增加整形工序。

3. 拉深工艺计算

实施拉深工艺，必须进行拉深工艺计算。拉深工艺计算的内容包括：确定修边余量、计算毛坯尺寸、确定拉深系数和拉深次数、计算工序尺寸、计算拉深力等。现以圆筒形件拉深为例加以说明。

（1）修边余量的确定

拉深时，由于金属流动条件和金属材料的各向异性，致使拉深制件口边不齐，如图 3—2—6 所示，必须进行修边加工，以达到制件的要求。因此，在计算拉深毛坯余量时，必须将修边余量计入制件。修边余量值应根据拉深件有无凸缘而定，具体数值见表 3—2—1 和表 3—2—2。

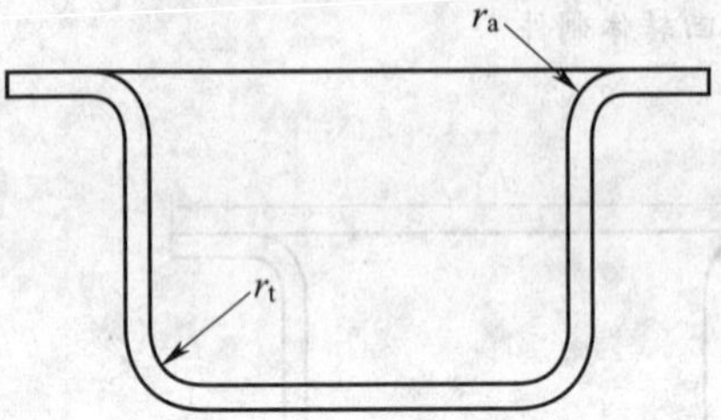

图 3—2—5　筒形拉深件的圆角要求

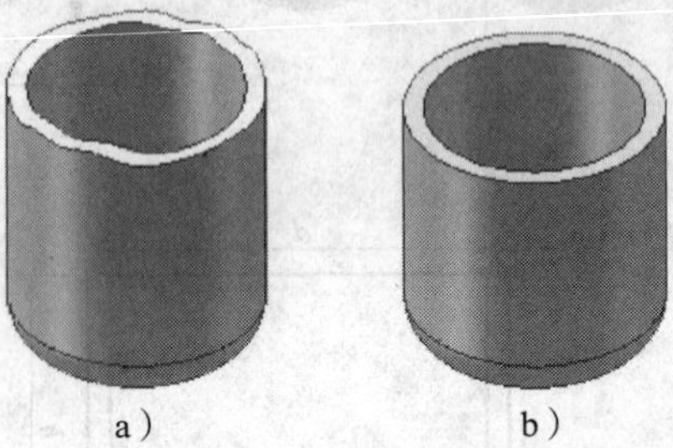

图 3—2—6　拉深筒形件
a）修边前　b）修边后

表 3—2—1　　无凸缘筒形件的修边余量 Δh　　mm

制件高度 h	拉深件的相对高度 h/d				图例
	>0.5～0.8	>0.8～1.6	>1.6～2.5	>2.5～4	
≤10	1.0	1.2	1.5	2	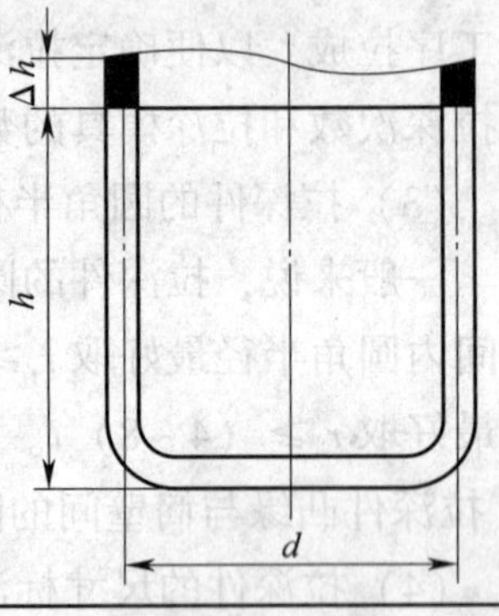
>10～20	1.2	1.6	2	2.5	
>20～50	2	2.5	3.3	4	
>50～100	3	3.8	5	6	
>100～150	4	5	6.5	8	
>150～200	5	6.3	8	10	
>200～250	6	7.5	9	11	
>250	7	8.5	10	12	

表 3—2—2　　有凸缘筒形件的修边余量 Δh　　mm

凸缘直径 d_t	拉深件的相对直径 d_t/d				图例
	≤1.5	>1.5～2	>2～2.5	>2.5～4	
≤25	1.8	1.6	1.4	1.2	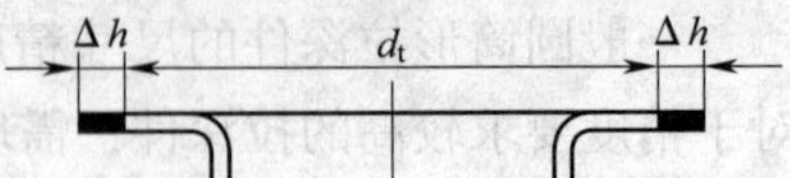
>20～50	2.5	2.0	1.8	1.6	
>50～100	3.5	3.0	2.5	2.2	
>100～150	4.3	3.6	3.0	2.5	
>150～200	5.0	4.2	3.5	2.7	
>200～250	5.5	4.6	3.8	2.8	
>250	6	5	4	3	

(2) 毛坯尺寸的计算

对于比较规则的拉深件，例如圆筒形件等，其毛坯尺寸一般采用等面积法进行计算。具体方法是将制件（含修边余量）分解为若干简单几何体，分别求出各几何体的表面积，然后对其求和，即得毛坯面积。至于毛坯形状，通常按与制件横截面形状相似的原则进行初步确定，如制件的截面为圆形、椭圆形，则毛坯的形状基本上采用圆形、椭圆形。

当然，若能借助冲压成形分析软件 Blankworks 等，仅需几分钟就能完成制件的展开及毛坯尺寸的计算，而无需将大量精力花在毛坯的计算上。

(3) 拉深系数和拉深次数的确定

1) 拉深系数。拉深工艺中，制件的变形程度用拉深系数 m 来表示。对于圆筒形件，拉深系数为拉深后制件直径 d 与拉深前毛坯直径 D 的比值；多次拉深时，则为拉深后筒部直径与拉深前筒部直径的比值。

实际生产中采用的拉深系数是根据材料的相对厚度，并考虑其他因素，通过试验决定的。表 3—2—3 为使用压边圈时筒形件的拉深系数；表 3—2—4 为不使用压边圈时筒形件的拉深系数。

表 3—2—3 筒形件的许可拉深系数（使用压边圈）

拉深系数	毛坯相对厚度（t/D）×100					
	2. 0 ~ 1. 5	1. 5 ~ 1. 0	1. 0 ~ 0. 6	0. 6 ~ 0. 3	0. 3 ~ 0. 15	0. 15 ~ 0. 08
m_1	0. 48 ~ 0. 50	0. 50 ~ 0. 53	0. 53 ~ 0. 55	0. 55 ~ 0. 58	0. 58 ~ 0. 60	0. 60 ~ 0. 63
m_2	0. 73 ~ 0. 75	0. 75 ~ 0. 76	0. 76 ~ 0. 78	0. 78 ~ 0. 79	0. 79 ~ 0. 80	0. 80 ~ 0. 82
m_3	0. 76 ~ 0. 78	0. 78 ~ 0. 79	0. 79 ~ 0. 80	0. 80 ~ 0. 81	0. 81 ~ 0. 82	0. 82 ~ 0. 84
m_4	0. 78 ~ 0. 80	0. 80 ~ 0. 81	0. 81 ~ 0. 82	0. 82 ~ 0. 83	0. 83 ~ 0. 85	0. 85 ~ 0. 86
m_5	0. 80 ~ 0. 82	0. 82 ~ 0. 84	0. 84 ~ 0. 85	0. 85 ~ 0. 86	0. 86 ~ 0. 87	0. 87 ~ 0. 88

表 3—2—4 筒形件的许可拉深系数（不使用压边圈）

拉深系数	毛坯相对厚度（t/D）×100				
	1. 5	2. 0	2. 5	3. 0	>3. 0
m_1	0. 65	0. 60	0. 55	0. 53	0. 50
m_2	0. 8	0. 75	0. 75	0. 75	0. 70
m_3	0. 84	0. 80	0. 80	0. 80	0. 75
m_4	0. 87	0. 84	0. 84	0. 84	0. 78
m_5	0. 90	0. 87	0. 87	0. 87	0. 82
m_6	—	0. 90	0. 90	0. 90	0. 85

多次拉深时（图 3—2—7），由于材料性能发生变化，拉深系数取值时应逐渐增大。以 m_1、m_2、…、m_{n-1}、m_n表示第 1、2、…、$n-1$、n 次拉深时的拉深系数，则 $m_1>m_2>\cdots>m_{n-1}>m_n$。其中，$m_1=d_1/D$，$m_2=d_2/d_1$，…，$m_n=d_n/d_{n-1}$。另外，从以上不难看出，总拉深系数等于各次拉深系数之乘积。

2）拉深次数。拉深工艺设计中，当制件直径与毛坯直径的比值 m 大于前面表格所列 m_1时，制件可以一次拉深成功。否则，需要多次拉深。确定拉深次数的方法很多，包括推算法、计算法和查表法，其中，以推算法最为常用。

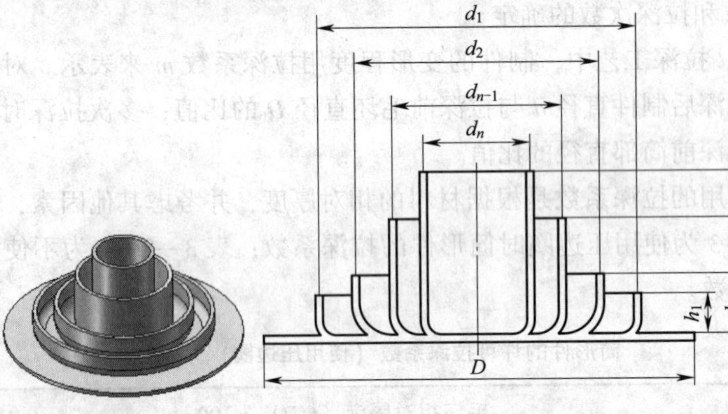

图 3—2—7　直径为 D 的毛坯多次拉深过程示意图

采用推算法确定筒形件拉深次数时，首先根据以上表格查出 m_1、m_2、…、m_{n-1}、m_n，然后从第一道工序开始依次求出半成品直径，即：$d_1=m_1D$、$d_2=m_2d_1$、…、$d_n=m_nd_{n-1}$，一直计算到得出的直径不大于制件要求的直径为止。这样 n 即为拉深次数。

显而易见，推算法不仅能求出拉深次数，还能求出中间工序的尺寸。需要指出的是，通常这些中间工序的尺寸需要作合理调整，以利于模具设计等。

(4) 半成品工序尺寸的计算

拉深次数确定后，就得确定半成品工序尺寸。半成品工序尺寸主要包括半成品直径、半成品高度。

1）半成品直径。半成品直径可根据各次拉深系数算出，计算得到的最后一次拉深直径 d_n必须等于制件直径 d。如果 d_n小于 d，应调整各次拉深系数，最后几次的拉深系数尽量取大些，最终使 $d_n=d$。

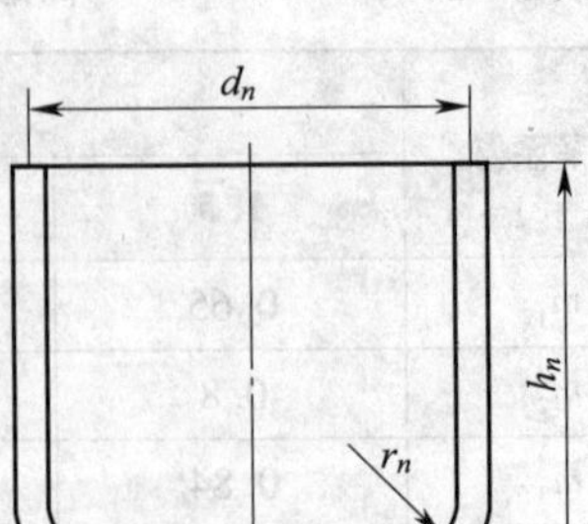

图 3—2—8　多次拉深后半成品制件高度

需要提醒的是，计算时，若 $t<1$ mm，d_n取内径或外径；若 $t>1$ mm，d_n取中线尺寸。

2）半成品高度。根据拉深后半成品制件面积与毛坯面积相等的原则，多次拉深后半成品制件高度

（图3—2—8所示）可按下式进行计算。

$$h_n = 0.25\left(\frac{D^2}{d_n} - d_n\right) + 0.43\frac{r_n}{d_n}\ (d_n + 0.32r_n)$$

r_n取值与各工序中拉深凸模圆角半径r_t一致；而拉深凸模圆角半径，除最后一次应取为制件底部圆角半径数值外，中间各次尽可能取得与拉深凹模圆角半径r_a相等或略小，并且逐渐减小，即r_t＝（0.7～1.0）r_a。

（5）总拉深力的计算

拉深时，总拉深力（包括拉深力和压边力）是指制件拉深时所需加在拉深凸模上的总压力。计算拉深力的根本目的在于合理选用压力机和设计拉深模。

1）拉深力的计算。在生产中拉深力一般通过经验公式进行计算，具体内容见表3—2—5。

表3—2—5　拉深力计算公式

压边圈使用情况	首次拉深	以后各次拉深
无压边圈	$F_{l_1} = 1.25\pi t R_m\ (D - d_1)$	$F_{l_n} = 1.3\pi t R_m\ (d_{n-1} - d_n)$
有压边圈	$F_{l_1} = \pi d_1 t R_m K_1$	$F_{l_n} = \pi d_n t R_m K_2$

注：R_m为材料强度极限，单位为Pa；K_1、K_2为修正系数，其值见表3—2—6。

表3—2—6　修正系数K_1、K_2值

m_1	0.55	0.57	0.60	0.62	0.65	0.67	0.70	0.72	0.75	0.77	0.80
K_1	1.00	0.93	0.86	0.79	0.72	0.66	0.60	0.55	0.50	0.45	0.40
m_2	0.70	0.72	0.75	0.77	0.80	0.85	0.90	0.95			
K_2	1.00	0.95	0.90	0.85	0.80	0.70	0.60	0.50			

2）压边力的计算。压边力的计算公式见表3—2—7。

表3—2—7　压边力计算公式

拉深情况	计算公式
拉深任何形状制件	$F_y = Ap$
筒形件首次拉深	$F_y = \frac{\pi}{4}\ [D^2 - (d_1 + 2r_a)]^2 p$
筒形件以后各次拉深	$F_y = \frac{\pi}{4}\ [d_{n-1}^2 - (d_n + 2r_a)]^2 p$

注：A为在压边圈下的毛坯投影面积（单位为mm^2）；p为单位压边力（单位为MPa），见表3—2—8。

表 3—2—8　　　　　　　　　　单位压边力

材料名称		单位压边力 p	材料名称	单位压边力 p
铝		0.8～1.2	镀锡钢板	2.5～3.0
纯铜、硬铝（已退火）		1.2～1.8	高合金不锈钢	3.0～4.5
黄铜		1.5～2.0		
软钢	$t\leq0.5$ mm	2.7～3.0	高温合金	2.8～3.5
	$t>0.5$ mm	2.0～2.7		

4. 拉深可能出现的工艺问题

在拉深过程中，可能出现一些工艺问题，使拉深工作不能顺利进行或造成废品。这些工艺问题主要包括起皱、厚度变化及材料硬化造成的制件拉裂。

（1）起皱

起皱是指拉深时在坯料凸缘的整个周围产生的波浪形连续弯曲，如图 3—2—9 所示。拉深件产生起皱后，轻则制件口凸缘部分产生波纹，影响制件的外观质量；重则凸缘部分材料不能通过凸模和凹模间的间隙而使制件拉裂，如图 3—2—10 所示。

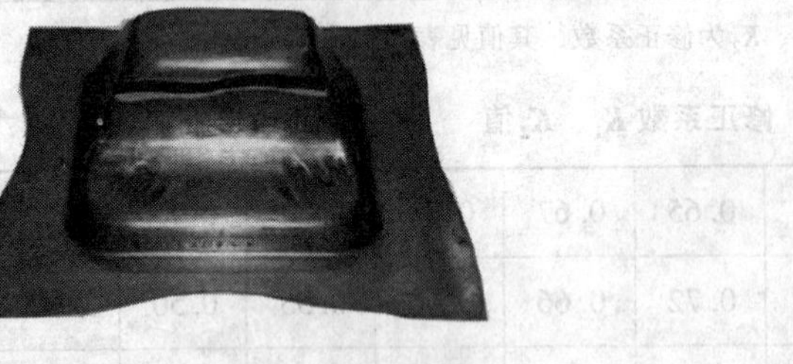

图 3—2—9　拉深件的起皱现象

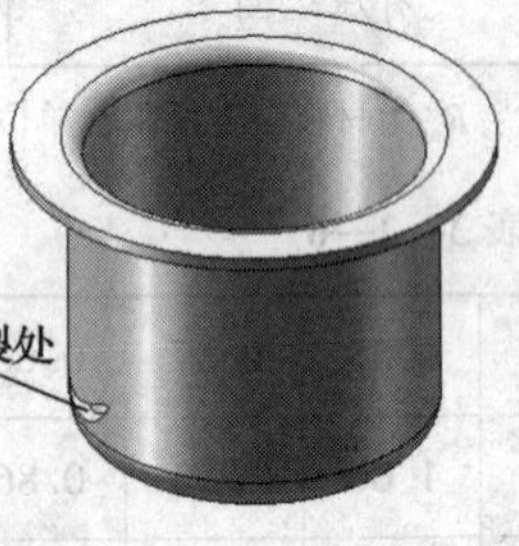

图 3—2—10　拉深件的拉裂现象

起皱产生的原因在于，拉深时凸缘部分材料圆周（切向）受到压缩作用，且压应力达到一定程度时，板料因失稳拱起。起皱与板料的相对厚度 t/D 及拉深变形程度有关。拉深生产中可通过设置压边圈限制板料起皱，也可通过减小拉深变形程度、加大板料厚度降低起皱倾向。

（2）厚度变化

拉深过程中，制件从凸缘到底部各部分的受力状况不尽相同，从而引起各部分厚度发生不同程度的变化，其示意如图 3—2—11 所示。总体来说，制件的侧壁上半段及凸缘部分变厚，侧壁下半段及与凸模圆角接触处变薄，底部厚度基本不变；其中与凸模圆角接触处变薄最严重，很容易拉裂，甚至出现“调底”现象，故通常称该处为“危险断面”。

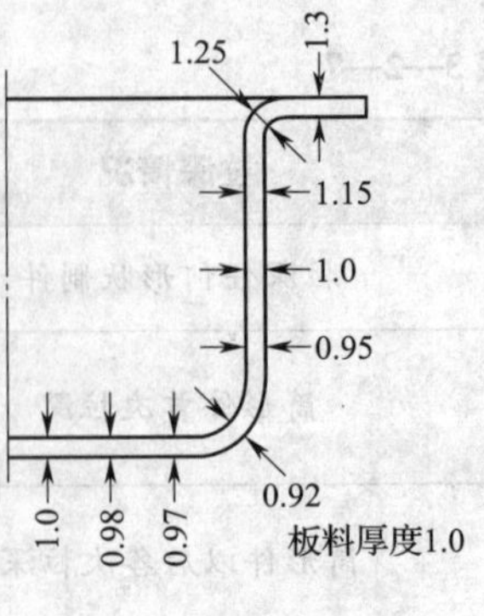

图 3—2—11　制件厚度变化（设置压边圈时）

（3）材料硬化

拉深时，由于材料产生了很大的塑性变形，必将引起加工硬化，导致材料强度和硬度显著提高，塑性降低，致使进一步拉深工作发生困难。为保证制件质量和拉深工作的顺利进行，应根据材料的塑性合理选择变形程度，对于高度较大的制件应采用多次拉深工艺，并采取中间退火的措施来消除坯料的加工硬化。另外，还应注意在拉深过程中选择合适的润滑剂，以减少制件和模具之间的摩擦。

二、拉深模结构

拉深模是指把制件拉压成空心体，或进一步改变空心体形状和尺寸的冲模。如图 3—2—12 所示为无凸缘圆筒形制件及其成形用拉深模具。

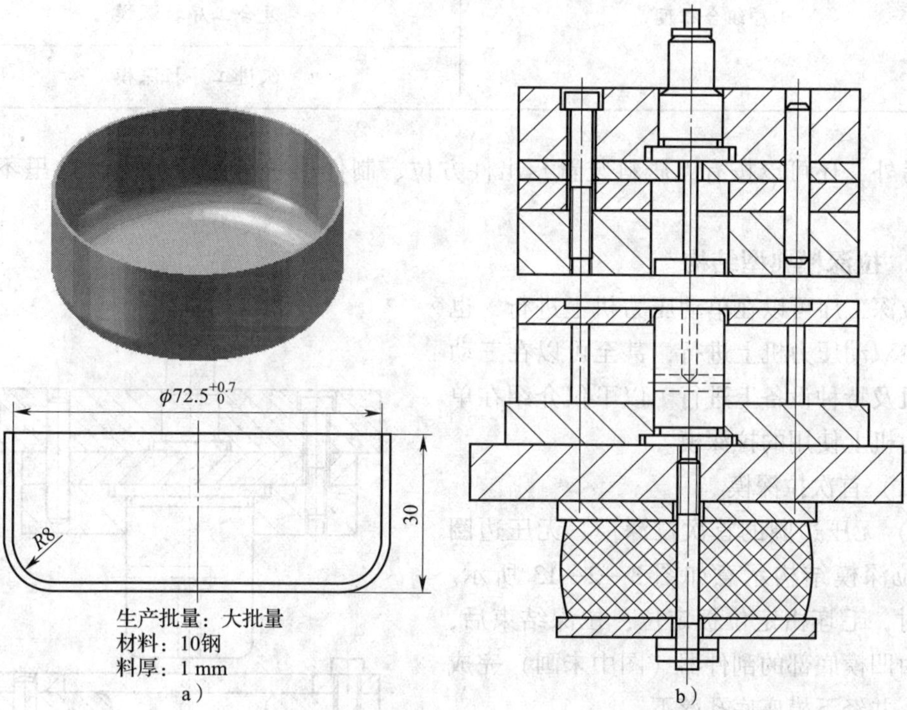

图 3—2—12 无凸缘圆筒形制件及其拉深模具

a）制件 b）拉深模具

经计算可知，拉深该制件的毛坯直径为 $\phi117$ mm，拉深次数为一次，毛坯的相对厚度为 0.008 5，为防止起皱现象的出现，模具上设置了压边圈，以调节拉深时材料的流动阻力。当然，拉深后的制件，还要通过修边工序，以保证制件 30 mm 高度尺寸的要求。

1. 拉深模分类

拉深模是冲压生产中应用很广泛的一种高效率加工模具。拉深模的结构一般较简单，但由于拉深制件品种很多，所以拉深模的结构类型较多，其一般分类情况见表 3—2—9。

表 3—2—9　　拉深模分类

分类依据	模具名称
工艺顺序	首次拉深模
	以后各次拉深模
使用设备	单动压力机拉深模
	双动压力机拉深模
工序组合程度	单工序拉深模
	复合工序拉深模
	级进工序拉深模

另外，还可以按有无压料装置、出件方位、制件形状等进行分类，这里不再赘述。

2. 拉深模典型结构

拉深工序可以在单动压力机上进行，也可以在双动压力机上进行，甚至可以在三动压力机及特种设备上进行。以下仅介绍在单动压力机上使用的拉深模。

（1）首次拉深模

1）无压边圈的首次拉深模。无压边圈首次拉深模结构示意如图 3—2—13 所示。工作时，毛坯由定位板定位，拉深结束后，制件由凹模底部的刮件器（图中未画）完成脱件，并经下模座底孔落下。

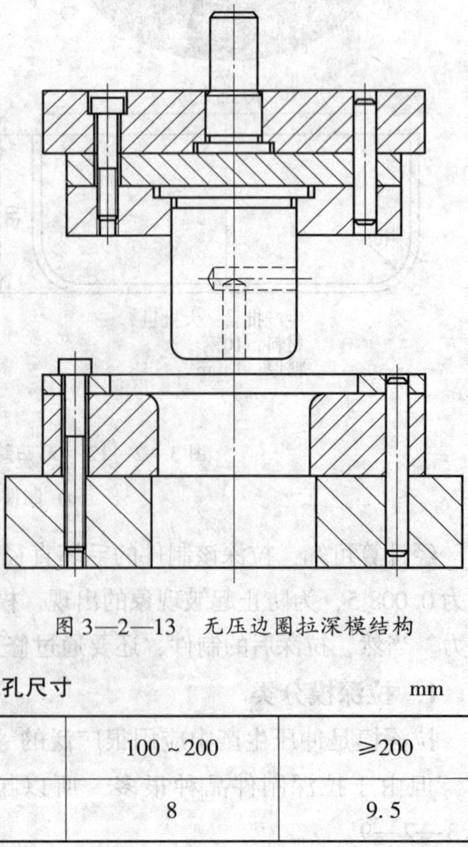

图 3—2—13　无压边圈拉深模结构

在拉深过程中，为使制件不紧贴在凸模上而难以取下或造成制件变形，在拉深凸模上应开设直径 $\phi 3$ mm 以上的通气孔。孔的大小根据拉深凸模尺寸大小而定，具体见表 3—2—10。

表 3—2—10　　拉深凸模通气孔尺寸　　mm

凸模直径	<50	50～100	100～200	≥200
通气孔直径	6	6.5	8	9.5

需要说明的是，以上结构一般适用于板料较厚（2 mm 以上），以及拉深深度较小的制件。另外，上模往往做成整体式结构，当凸模直径过小时，可以加上模柄，以增加上模与滑块的接触面积，提高模具的安装可靠性。

2）有压边圈的首次拉深模。有压边圈首次拉深模结构示意如图 3—2—14 所示。工作时，凸模下降，压边圈一同下降，压边圈接触板料后，上模部分继续下行，压边圈压住板料，使板料在拉深过程中紧贴在凹模上，以防止其产生起皱现象。

有压边圈的拉深模用于拉深材料薄、深度大，易起皱的工件。当然，压边力大小的确定很有讲究。压边力过大，制件易拉裂；压边力过小，制件会起皱。

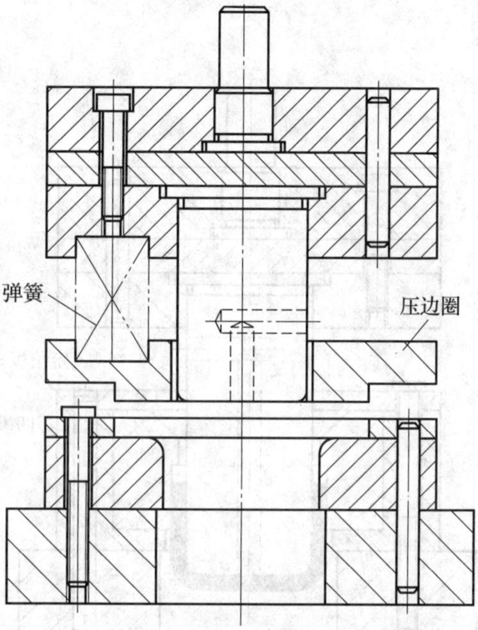

图 3—2—14 有压边圈拉深模结构

（2）以后各次拉深模

在以后各次拉深中，拉深用毛坯不是平板状，而是经拉深后的半成品筒形件，所以模具结构上应做相应的改变，具体体现在定位装置、压边圈，甚至拉深凹模上。

1）无压边圈以后各次拉深模。无压边圈以后各次拉深模结构示意如图 3—2—15 所示。

需要注意的是，该结构仅用于直径缩小不大的拉深工序或整形等。为保证制件质量，以后各次拉深模具应有压边圈。

2）有压边圈以后各次拉深模。有压边圈以后各次拉深模结构示意如图 3—2—16 所示。模具的压边圈装在下模，毛坯（拉深后的筒形半成品）在拉深前套在压边圈上。拉深后，由压边圈将制件从凸模上脱下，卡在凹模孔中的制件，则由顶料板顶出。

该结构为生产中广泛采用的形式，压边圈兼作定位用。由于以后各次拉深制件一般较深，为了防止弹性压边力随行程的增加而不断增加，可考虑在压边圈上安装限位销来控制压边力的增加。

（3）复合工序拉深模

图 3—2—17 所示为落料拉深复合模结构示意。落料拉深复合模比单工序模可生产效率高，但模具结构相对复杂，同时增加了装配难度。考虑到拉深件毛坯尺寸常需试模修正才能确定，所以，一般在拉深件毛坯经单工序模拉深验证合适后，为了提高生产率，才设计落料拉深复合模。需要指出的是，对于非圆形拉深件，由于毛坯尺寸计算的可靠性较差，通常不宜采用落料与拉深复合的工艺方案。

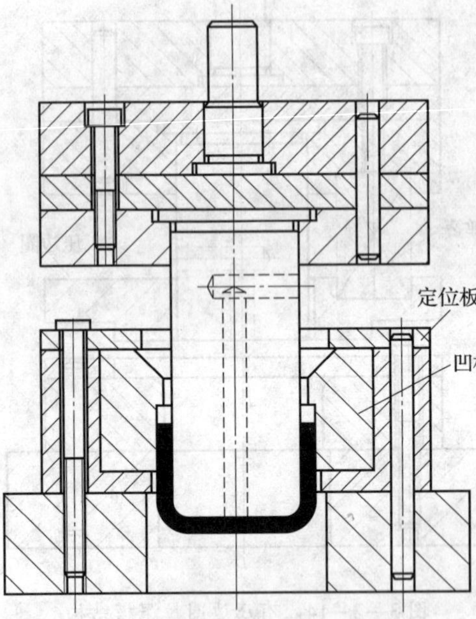

图 3—2—15　无压边圈以后各次拉深模结构

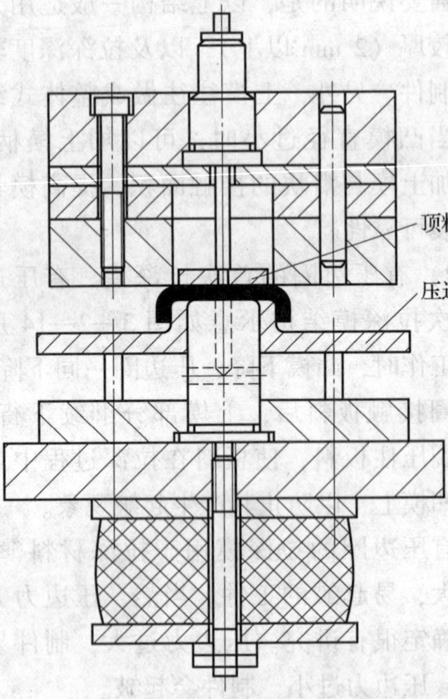

图 3—2—16　有压边圈以后各次拉深模结构

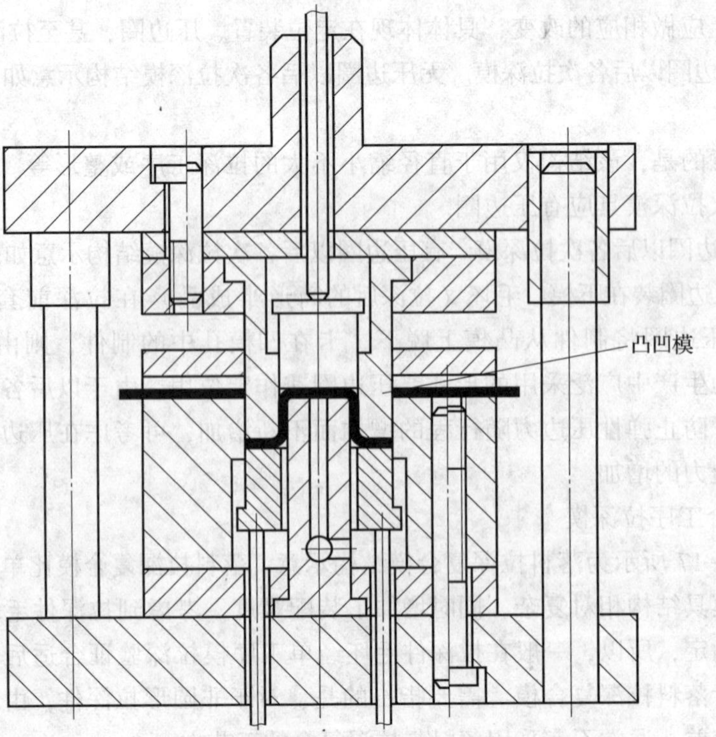

图 3—2—17　落料拉深复合模结构

第三节 成形工艺与模具结构

变形工艺中，除应用广泛的弯曲和拉深外，还有一些是通过局部变形方式来改变制件或毛坯形状的，这类工艺统称为成形工艺，例如胀形、翻边、缩口、起伏等，其产品结构示例如图 3—3—1 所示。生产中，成形工艺往往和其他冲压工艺相组合，成形一些复杂形状的制件，如汽车覆盖件等。

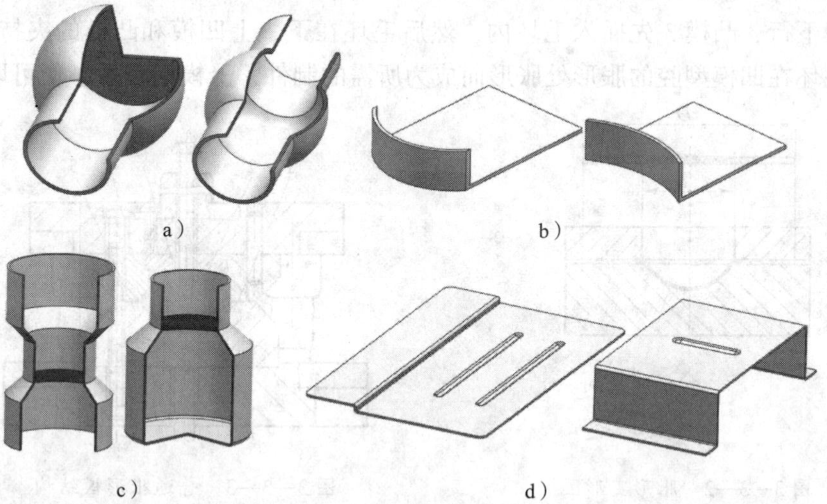

图 3—3—1 成形工艺产品结构

a）胀形 b）翻边 c）缩口 d）起伏

尽管成形工艺有着使材料局部变形的共同特点，但不同的成形工艺却有着不同的成形特点，例如，胀形和圆内孔翻边属于伸长类变形，其成形极限主要受变形区过大拉应力而破坏的限制；而缩口和外缘翻边凸边则属于压缩类变形，其成形极限主要受变形区过大压应力而失稳起皱的限制。

一、胀形工艺与胀形模结构

1. 胀形及其变形特点

胀形是使空心制件内部在双向拉应力作用下产生塑性变形，以获得凸肚形制件的冲压方法。用这种方法可以制造出许多形状复杂的工件，如管接头、波纹管等。

胀形时，变形区材料的变形情况如图 3—3—2 所示，通过胀形，直径为 d 的平整坯料部分成为凸肚形。当坯料外径 D 与成形直径 d 的比值 $D/d>3$ 时，D 与 d 之间的环形部分金属发生切向收缩时所需的径向拉应力很大，该部分金属不可能向凹模流动，其成形依赖于直径为 d 的圆周内金属的厚度变薄及表面积增大来实现。

胀形变形区的应力状态为双向受拉，即径向应力和切向应力均为拉应力，且材料截面上拉应力沿厚度方向均匀分布，板厚方向的应力可视为零。变形区的应变状态为径向应变与切向应变均为拉应变，板厚方向为压应变。切向与径向的伸长变形会引起板厚的变薄，因此，胀形属于伸长类成型，其成型极限将受到拉裂的限制。胀形时，变形区材料不会产生失稳起皱现象，且由于材料硬化的影响，胀形充分时，可获得表面光滑、尺寸精度高、质量好的制件。

2. 胀形模结构

作为使空心制件内部在双向拉应力作用下产生塑性变形，以获得凸肚形制件的成形模（图 3—3—3 所示为普通胀形模结构），工作时，筒形毛坯放置在下凹模 5 内定位，上模下行，凸模 3 先插入毛坯内，然后毛坯在下、上凹模和凸模的夹持下，进行镦压，毛坯在凹模型腔的胀形处胀形而成为所需的制件，上模回程后，便可取出制件。

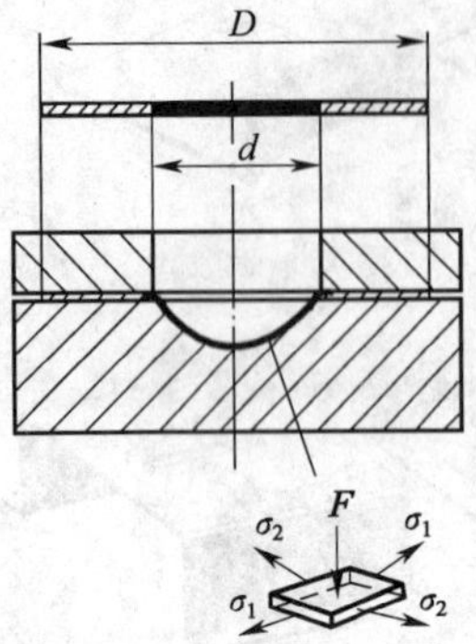

图 3—3—2 胀形变形区

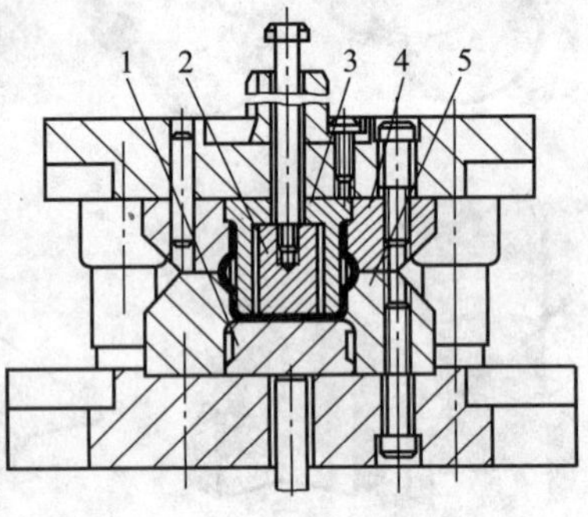

图 3—3—3 普通胀形模结构

1—顶件装置 2—推件装置 3—凸模
4—上凹模 5—下凹模

生产实际中，胀形模根据其结构的不同分成两类：一类是采用刚性凸模胀形，另一类是采用软体凸模胀形。

（1）采用刚性凸模胀形模具结构

采用刚性凸模胀形模具结构如图 3—3—4 所示，胀形时，利用模芯 3 将分块凸模 2 向四周胀开，使毛坯形成所需的形状，分块凸模数目越多，所得到的工件精度越高，但也很难得到精度较高的旋转体零件，且模具结构复杂，成本较高。

（2）采用软体凸模胀形模具结构

采用软体凸模胀形，常用传力介质包括气体、液体、橡胶、石蜡、钢丸等，胀形时材料的变形比较均匀，制件的精度容易保证，便于成形形状复杂或不对称的空心制件，因而在生产中得到广泛应用。橡胶胀形模结构如图 3—3—5 所示，成形时，以橡胶作为凸模，在压力作用下使橡胶变形，把工件沿凹模胀开得到所需的形状。橡胶胀形模具结构简单，工件变形均匀，能成型复杂形状的工件。近年来广泛采用聚氨酯橡胶代替天然橡胶进行橡胶胀形，与一般橡胶相比，它具有强度高、弹性好、耐油性好和寿命长等特点。

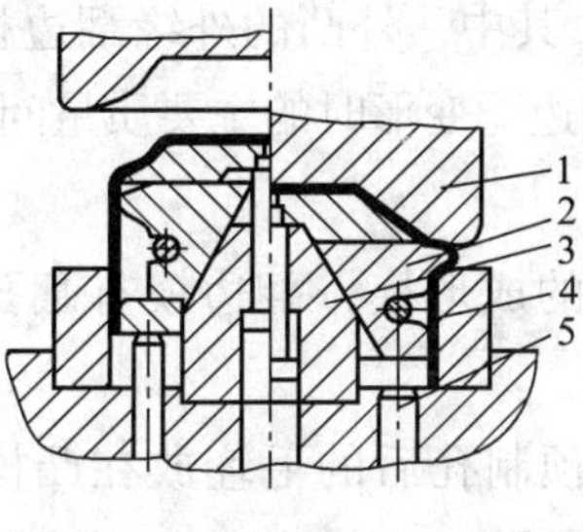

图 3—3—4 利用刚性凸模胀形模具结构示意
1—凹模 2—分块凸模 3—模芯 4—制件 5—顶杆

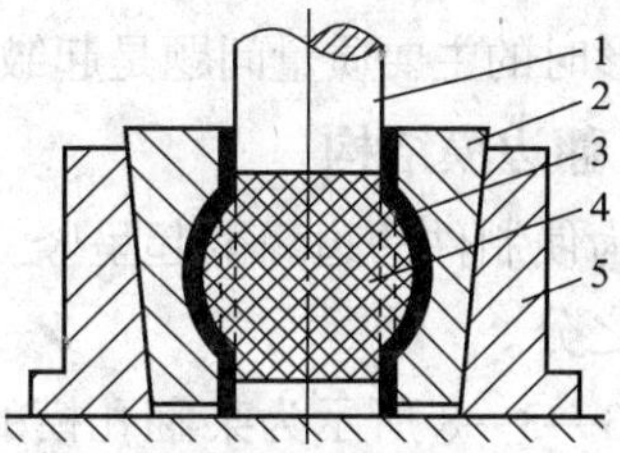

图 3—3—5 橡胶胀形模结构示意
1—凸模 2—凹模 3—制件 4—橡胶 5—边框

二、翻边工艺与翻边模结构

1. 翻边及其变形特点

翻边是利用模具使制件的边缘翻起呈竖立或一定角度直边的冲压方法。利用翻边方法加工的制件具有很好的刚度，这是翻边加工的主要优点。

按制件边缘性质不同，翻边有翻孔、外缘翻边和变薄翻边之分。其中，对制件孔进行的翻边称为翻孔，如图 3—3—6a 所示；对制件外边缘进行的翻边称为外缘翻边，如图 3—3—6b 所示；而变薄翻边是通过减小凸、凹模间隙强迫材料变薄，以提高制件竖边高度的翻边方法，在实际生产中，变薄翻边通常用于平板毛坯或半成品制件上冲制小螺纹底孔（俗称抽芽孔）。

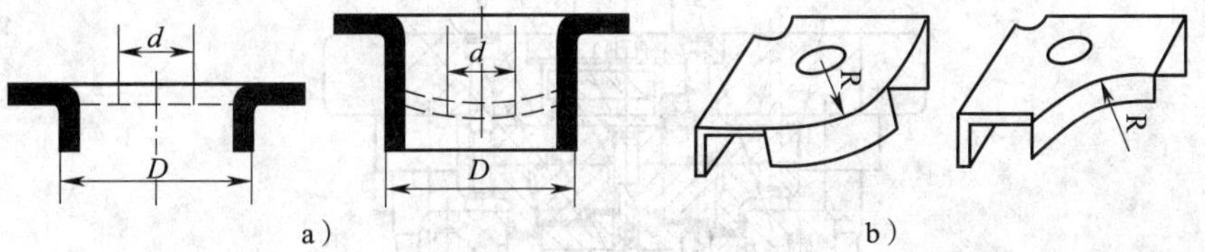

图 3—3—6 翻孔与外缘翻边
a）翻孔 b）外缘翻边

翻孔时，变形区材料的变形情况如图 3—3—7 所示。平整坯料上预制有直径为 d_0 的底孔，变形区为 $D+2r_d-d_0$ 的环形部分，随着凸模的下压，孔径将逐渐扩大，靠近凹模口的板料贴紧 r_d 区后就不再变形，而进入凸模圆角区的板料被反复折弯，最后变为直壁。当全部变为直壁时，翻孔结束。

翻孔变形区受切向拉应力 σ_θ 和径向拉应力 σ_ρ 的作用，而板厚方向的应力可忽略不计，因此应力状态可视为双向受拉的平面应力状态。翻孔时，材料沿切线方向产生拉伸变形，且越接近中部，变形越大，材料的厚度也有所减薄，尤其是孔口处减薄更为严重。如变形超过了材料的许用应力值，制件孔口将被拉裂。其变形程度可用翻孔系数来表示（翻孔前、后孔径之比值）。

外缘翻边时，变形区材料的变形情况不尽相同。其中，外凸的外缘翻边相当于浅拉深，变形时的主要质量问题是起皱；而内凹的外缘翻边，变形时的主要质量问题是拉裂。

2. 翻边模结构

作为使制件的边缘翻起呈竖立或一定角度直边的成形模，翻边模有翻孔模和外缘翻边模之分。

图 3—3—8 所示为某翻孔模的主要部分结构，预制孔后的毛坯放在凸模上由定位板定位，凹模下行与压边圈一起将毛坯夹紧后进行翻孔，凹模上行，压边圈把制件顶起。若制件留在凹模内，则由推件装置把制件推出。

图 3—3—9 所示为某内外缘翻边复合模结构，成形时，毛坯套在内缘翻边凹模上

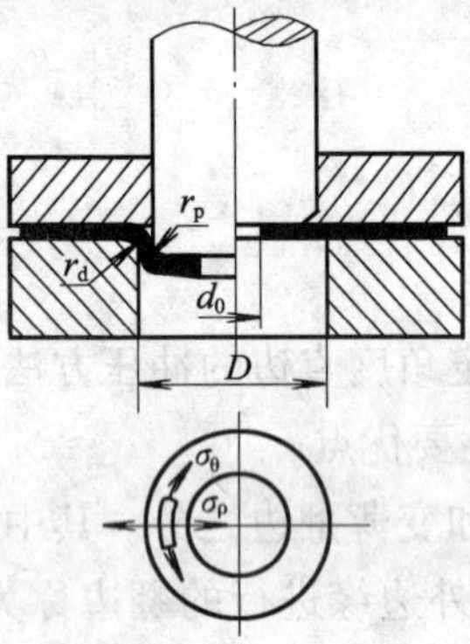

图 3—3—7　翻孔变形区

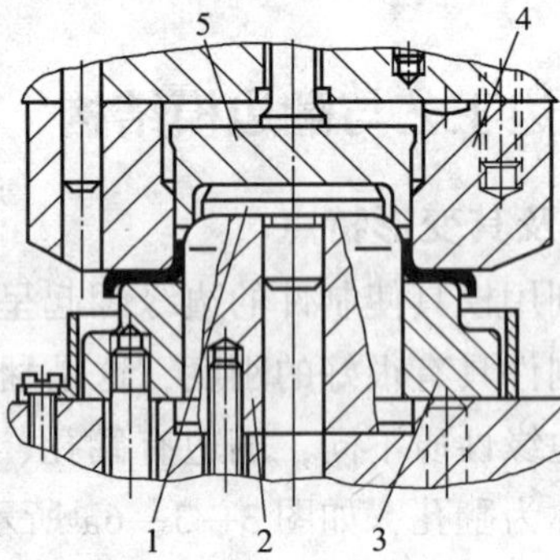

图 3—3—8　翻孔模结构

1—定位板　2—凸模　3—压边圈

4—凹模　5—推件块

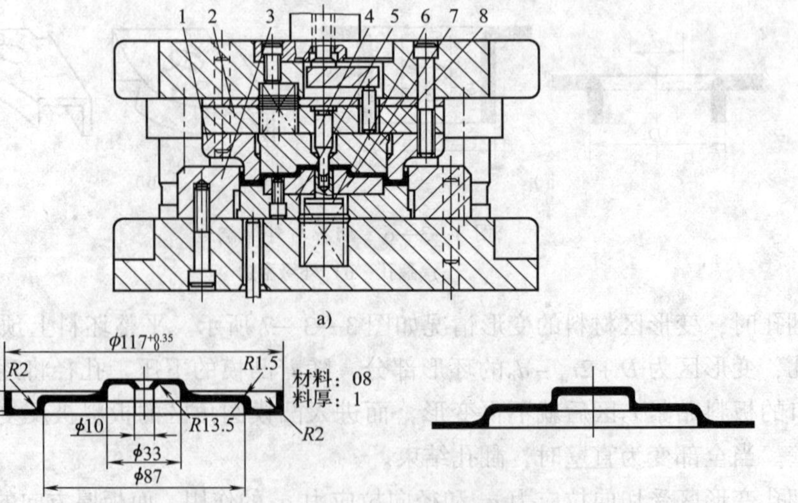

图 3—3—9　内外缘翻边复合模结构

a）模具结构　b）工件图　c）毛坯图

1—外缘翻边凸模　2—凸模固定板　3—外缘翻边凹模

4—内缘翻边凸模　5—压料板　6—顶件块　7—内缘翻边凹模　8—推件板

定位，作为内缘翻边的凹模，为保证其位置准确，压料板与外缘翻边凹模按 H7/h6 间隙配合。压料板既起压料作用，又起整形作用，在冲至下止点时，应与下模刚性接触，冲压成形后，该件起顶件作用。

三、缩口工艺与缩口模结构

1. 缩口及其变形特点

缩口是使空心或管状制件端部的径向尺寸缩小的冲压方法。缩口时，变形区材料的变形情况如图 3—3—10 所示。

当相对壁厚 t/D_m 不大时，变形区应力可视为平面应力状态。径向（板厚方向）应力接近于零，切向应力 σ_θ 和轴向应力 σ_z 均为压应力。切向压应力为最大主应力，可使坯料直径减小，壁厚和高度增加。在变形过程中，由于坯料受切向压应力的作用容易失稳起皱；同时，如果非变形区的筒壁承受的缩口压力过大，将发生纵向失稳，出现环状皱纹，甚至局部凹陷。因此，弯曲、起皱是缩口工艺要解决的主要问题。

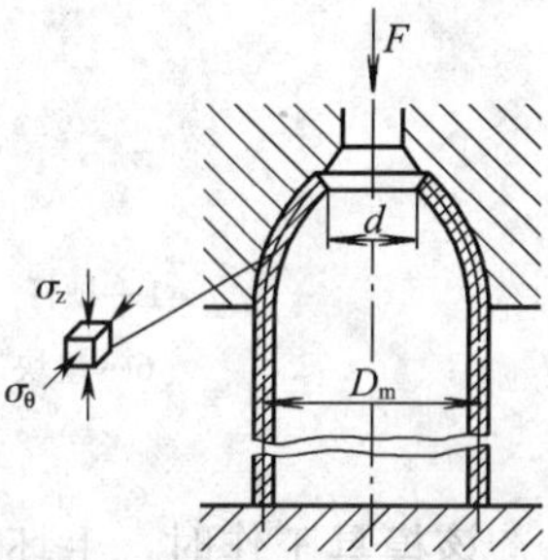

图 3—3—10　缩口变形区

2. 缩口模结构

作为使空心或管状制件端部的径向尺寸缩小的成形模，缩口模按支承方式有三种，其结构示意如图 3—3—11 所示。

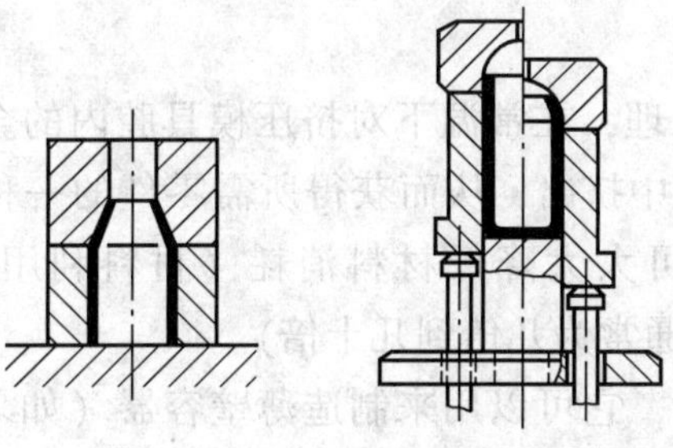

图 3—3—11　不同支承形式缩口模结构示意

a）无支承　b）外支承　c）内外支承

无支承形式缩口模具结构简单，但缩口过程中坯料稳定性差；外支承形式缩口模具缩口过程中筒壁外表面始终得到支承，内表面为自由表面，缩口时坯料的稳定性较好，模具结构也较复杂些；内外支承形式缩口模结构复杂，但缩口时坯料稳定性好。

典型的缩口模结构如图 3—3—12 所示，该模具用于成形材料厚度为 1 mm 的 08 钢制件。该制件先用拉深工艺制成圆筒形件，再用图示缩口模成形。

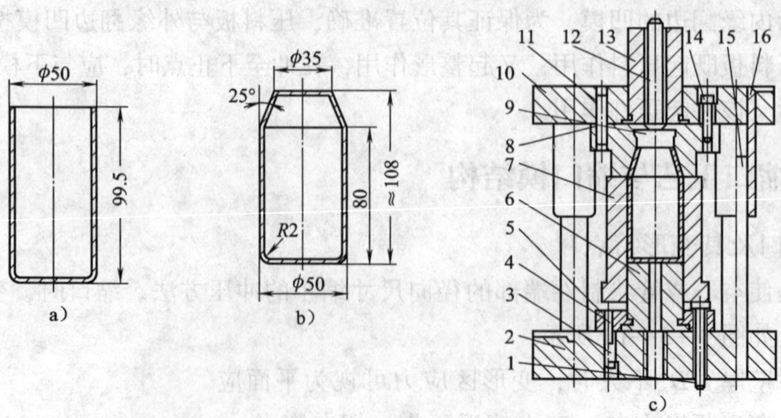

图 3—3—12　缩口模典型结构

a）缩口毛坯　b）缩口制件　c）缩口模具

1—顶杆　2—下模板　3、14—螺栓　4、11—销钉　5—下固定板　6—垫块　7—外支承套　8—缩口凹模　9—顶出口　10—上模板　12—打料杆　13—模柄　15—导柱　16—导套

该模具工作时，毛坯放入外支承套内定位，上模下行，首先凹模与外支承套相互压紧，然后缩口成形，模具通过上打料形式退料。

第四节　冷挤压工艺与模具结构

冷挤压是利用金属塑性变形的原理，在常温下对挤压模具腔内的金属施加强大的压力，使之从模孔或凸、凹模的间隙中挤出，从而获得所需零件的一种无切削加工方法。用冷挤压代替切削加工，不仅可大大降低材料消耗（材料利用率可达 70% ~ 95%），而且可大大提高生产效率（通常为几倍到几十倍）。

冷挤压工艺属于冷锻工艺的一种，它可以用来制造薄壁容器（如牙膏壳、铝质电容器及弹壳等）、汽车零件等，其制件示例如图 3—4—1 所示，冷挤压使用的毛坯大都是棒料或块状结构。

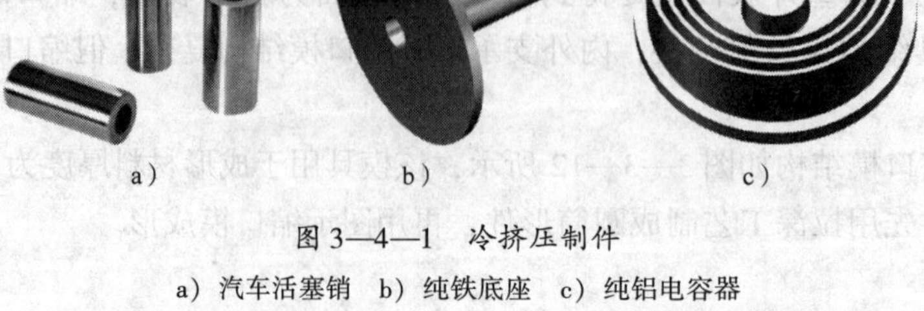

图 3—4—1　冷挤压制件

a）汽车活塞销　b）纯铁底座　c）纯铝电容器

一、冷挤压工艺

1. 分类

根据冷挤压时金属流动方向与加压（凸模运动）方向的关系，冷挤压可分为正挤压、反挤压、复合挤压、径向挤压和减径挤压五种方式，其成形示意如图 3—4—2 所示。其中，正挤压、反挤压、复合挤压三种方式的金属流动方向都与凸模运动方向相平行，故统称为轴向挤压；而将轴向挤压和径向挤压联合的加工方法称为镦挤法，它能加工采用单独的轴向或径向挤压难以成形的制件，从而使冷挤压工艺的应用范围进一步扩大。

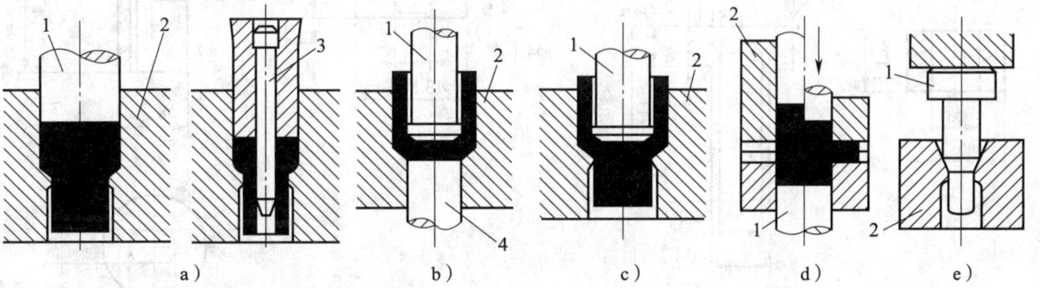

图 3—4—2 冷挤压分类

a）正挤压 b）反挤压 c）复合挤压 d）径向挤压 e）减径挤压

1—凸模 2—凹模 3—芯棒 4—顶杆

（1）正挤压

挤压时，金属流动的方向（金属被挤出方向）与凸模运动的方向一致。正挤压可利用实心或空心坯料制造各种形状的实心件或空心件，其成形制件示例如图 3—4—3 所示。

（2）反挤压

挤压时，金属流动的方向与凸模运动的方向相反。反挤压可制造各种形状的杯形或空心制件，其成形制件示例如图 3—4—4 所示。

（3）复合挤压

挤压时，金属同时朝凸模的运动方向和相反方向流动。复合挤压可以制造各种形状的制件，其成形制件示例如图 3—4—5 所示。

（4）径向挤压

挤压时，金属流动的方向垂直于凸模的运动方向。径向挤压主要用于制造各种带凸缘的制件，其成形制件示例如图 3—4—6 所示。

（5）减径挤压

减径挤压是一种变形程度较小的正挤压方法，毛坯断面仅作轻度缩减。减径挤压主要用于制造直径差不大的阶梯轴类挤压件，以及作为深孔薄壁杯形件的修整工序。

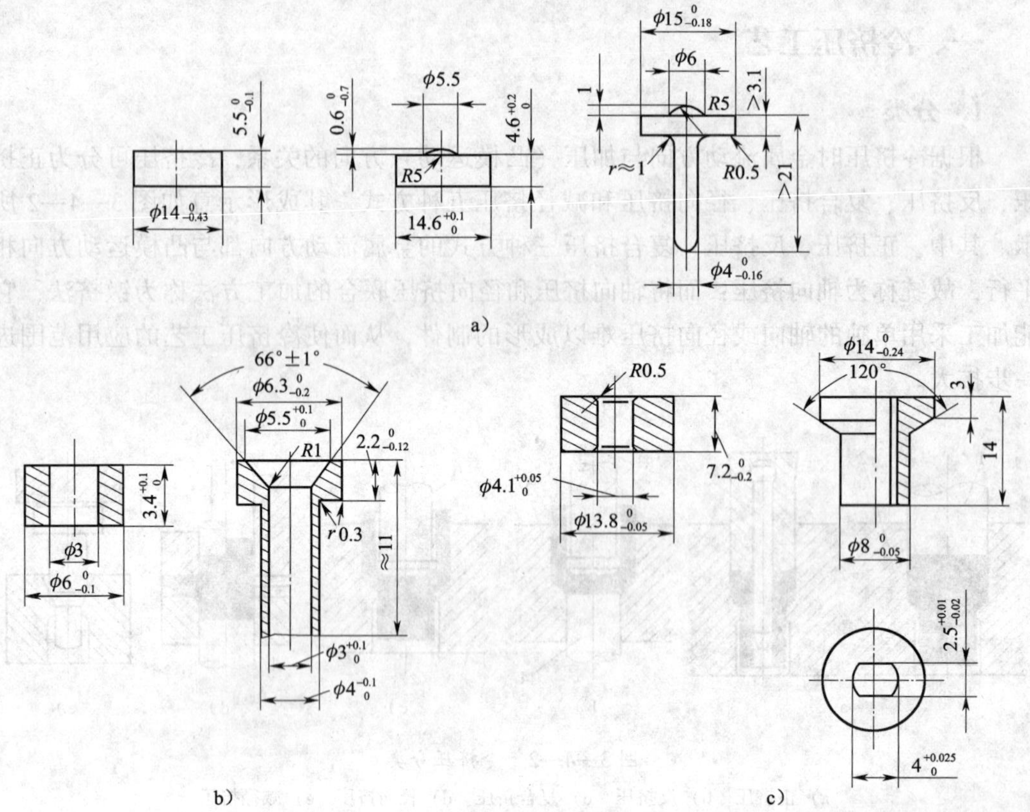

图 3—4—3　正挤压制件示意图

a）实心件　b）圆形孔空心件　c）矩形孔空心件

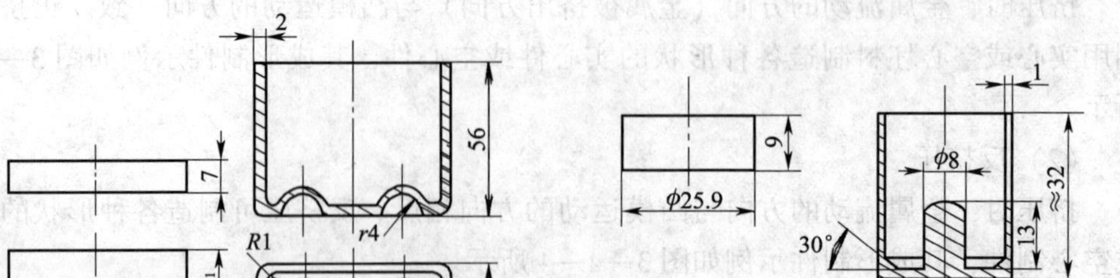

图 3—4—4　反挤压制件示意图

a）矩形杯形件　b）圆形杯形件　c）空心件

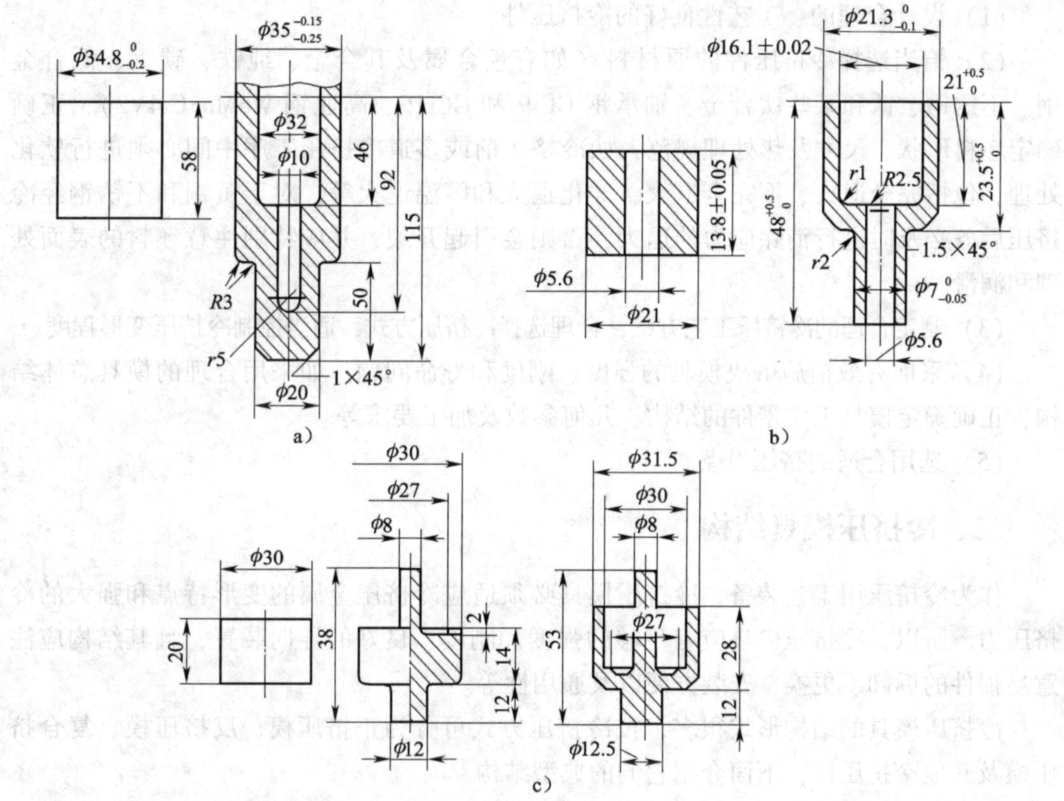

图 3—4—5 复合挤压制件示意图

a）圆形内外台阶不通孔件 b）圆形内外台阶通孔件 c）杯形台阶件

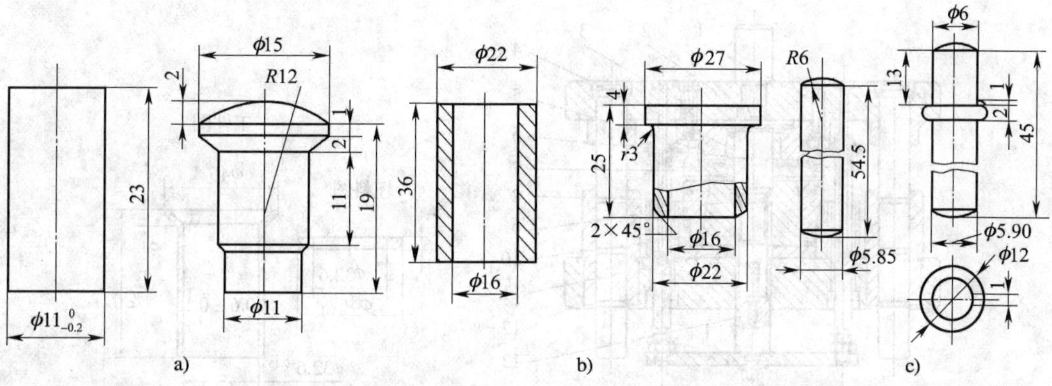

图 3—4—6 径向挤压制件示意图

a）端部凸缘实心件 b）端部凸缘空心件 c）中间凸缘实心件

2. 变形特点及工艺要求

由于挤压时坯料处于三向受压状态下，因而塑性好，变形程度可以很大，变形所需的单位挤压力很大，当然塑性变形所需的压力也很大，且作用时间较长。正因为如此，冷挤压技术的应用必须解决强大的变形抗力与模具承载能力的矛盾。为此，必须满足下列工艺要求。

（1）设计合理的、工艺性良好的冷挤压件。

（2）恰当选择冷挤压件的原材料（如有色金属及其合金、纯铁、碳钢、低合金钢、不锈钢、钛和某些钛合金、轴承钢 GCr9 和 GCr15、高速钢 W6Mo5Cr4V2），正确确定坯料形状、尺寸及热处理规范，如冷挤压前或多道冷挤压工序中间必须进行软化处理，包括完全退火、不完全退火、球化退火和等温退火等，对于黄铜和不锈钢经冷挤压后务必及时进行消除应力的退火，否则会引起开裂，并应特别注意坯料的表面处理和润滑。

（3）制定合理的冷挤压工艺方案，合理选择冷挤压方式，适当控制冷挤压变形程度。

（4）采取有效措施解决模具的强度、刚度和寿命问题。如采用合理的模具总体结构，正确确定模具工作零件的结构、几何参数及加工要求等。

（5）选用合适的挤压设备。

二、冷挤压模具结构

作为冷挤压用工艺装备，冷挤压模具必须适应冷挤压金属的变形特点和强大的冷挤压力。所以，冷挤压模具应有足够的强度和刚度、良好的导向装置，且其结构应注意易损件的拆卸、更换、安装方便以及通用性等。

冷挤压模具的结构形式很多，按冷挤压方式可分为正挤压模、反挤压模、复合挤压模及其他冷挤压模，下面介绍它们的典型结构。

1. 正挤压模

图 3—4—7 所示为带凸缘纯铝制件正挤压模，其结构特点如下：

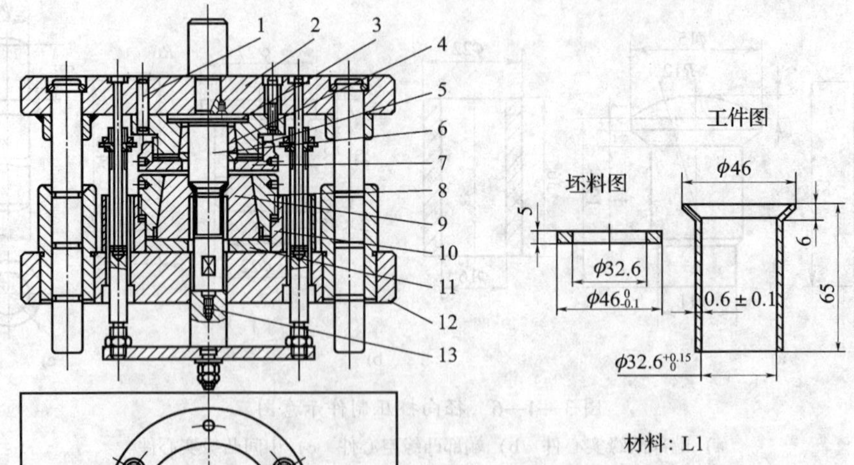

图 3—4—7 正挤压模

1—定位销 2—上模座 3—垫板 4—弹性夹头
5—凸模固定圈 6—凸模 7、8—紧固圈 9—凹模
10—凹模固定圈 11—垫板 12—下模座 13—顶杆

（1）采用通用模架，通过更换凸、凹模可挤压不同的冷挤压件。凸模 6 通过弹性夹头 4、凸模固定圈 5 和紧固圈 7 固定；凹模通过凹模固定圈 10 和紧固圈 8 固定，凹模固定圈与紧固圈以 H6/h5 配合。

（2）以导柱导套导向，为了增加导柱长度，将导柱固定于上模（或下模）中，导柱导套以 H6/h5 配合。

（3）挤压件留在凹模中，用拉杆或顶出装置通过顶杆 13 将挤压件顶出，卸件工作可靠。

（4）上、下模座用中碳钢；凹、凸模分别用较厚的淬硬垫支承。

2. 反挤压模

图 3—4—8 所示为挤压黑色金属空心件的反挤压模，其结构特点如下：

（1）采用通用模架更换凹模、组合凸模等零件，可以反挤压不同挤压件，还可以进行正挤压。

（2）凸、凹模的同轴度可以调整，即通过螺钉和月牙形板 9 调整凹模 6 的位置，以保证凸、凹模的同轴度。同时，月牙形板 9 和压板 1 可以压紧定位，防止挤压过程中凹模产生位移。

（3）凹模采用预应力组合结构，以承受较大的单位挤压力。

（4）对于黑色金属反挤压，其挤压件可能箍在凸模上，因而设置了卸件器 2（卸件板 3 做成弯形是为了减小凸模长度）。考虑到挤压件可能留在凹模内，故又设置了顶出器 10。凸模上端和顶出器下端均有锥度，以扩大支承面积，并加以厚垫板 4 和 12，以承受黑色金属巨大的挤压力。

3. 径向挤压模

图 3—4—9 所示为螺塞径向挤压（冷镦）模，其结构特点如下：

（1）以导向套 1 和组合下模外圈 3 导向，模具在工作时处于封闭状态，导向套还有安全保护作用，下设限位套 4。

（2）上、下模均为预应力组合结构。上模六角形腔底部开有出气孔，以确保工件的六角形轮廓清晰。

（3）为了保证六角头部的成形质量并提高模具寿命，坯料体积应略大于挤压件体积，多余金属形成飞边，冷镦后再切除。

另外，按通用性冷挤压模可分为专用冷挤压模和通用冷挤压模；按调整的可能性冷挤压模可分为可调式冷挤压模和不可调式冷挤压模。

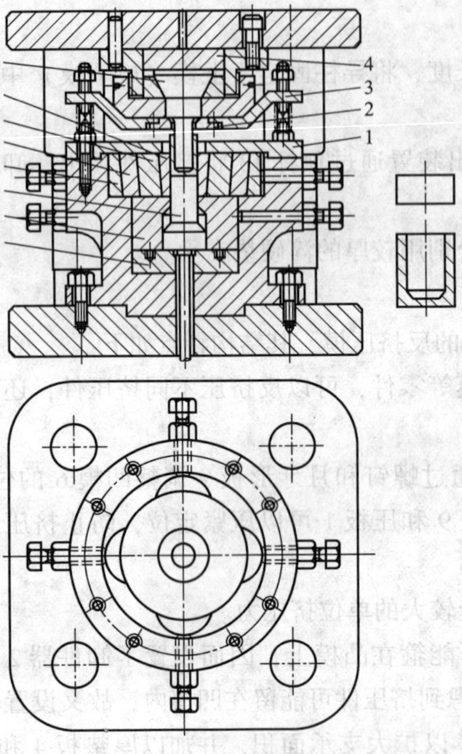

图 3—4—8　反挤压模

1—压板　2—卸件器　3—卸件板　4—上垫板
5—凸模　6—凹模　7—组合凹模中圈　8—组合凹模外圈
9—月牙形板　10—顶出器　11—垫块　12—下垫板

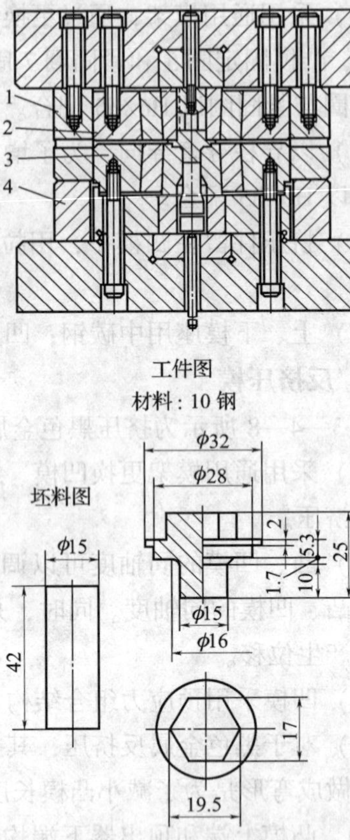

图 3—4—9　径向挤压（冷镦）模

1—导向套　2—组合上模外圈
3—组合下模外圈　4—限位套

第四章

多工位精密自动级进模结构

为了满足大批量生产的需要，冲压生产向自动化、无人化方向发展。多工位精密自动级进模得到了广泛使用，尤其是在高精度、薄壁小五金件大批量生产中。

相对于普通模具来说，多工位精密自动级进模结构比较复杂，对冲压设备、原材料（卷料）也有相应的要求，并对模具结构的合理性提出了更高的要求。

第一节　多工位精密自动级进模及其排样

多工位精密自动级进模如图 4—1—1 所示，是精密、高效、长寿命的冲压模具。它适用于冲压如图 4—1—2 所示的小尺寸、薄料、形状复杂的大批量冲压件。

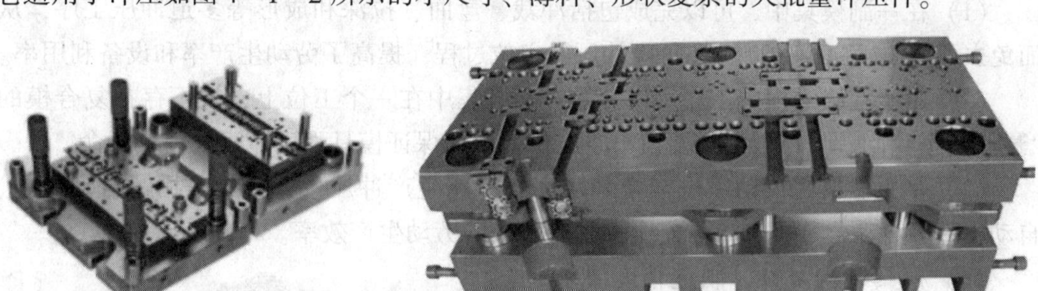

图 4—1—1　多工位精密自动级进模

图 4—1—2　多工位精密自动级进模成形产品

多工位精密自动级进模的工位数可高达几十个，且常用于高速冲压，因此，生产率得到极大提高，并能减少手工送料造成的误差，减少了冲压设备及其操作人员，具有较高的技术和经济效益。

一、多工位精密自动级进模的要求和特点

1. 要求

为了实现高精度、高效成形冲压制品的目标，必须对多工位精密自动级进模提出相应的要求，具体如下：

（1）模具结构具有更高的合理性

多工位精密自动级进模必须带有自动送料装置，且送料精度高，送料进距易于调整，并带有高精度的误差检测装置。考虑到凸模通常很精细，必须加以精确导向和保护，因而要求卸料板能对凸模提供导向和保护功能。另外，在冲压过程中卸料板的运动必须高度平稳，故对其也要有导向保护措施。

（2）模具制作具有更高的精度和寿命

为了达到多工位精密自动级进模精度高、寿命长的要求，其模具的主要工作零件常采用高强度高合金工具钢、高速钢或硬质合金等材料来制造。加工方法常采用慢走丝线电极电加工和成形磨削。另外，卸料板上相应的孔必须采用高精度加工，其尺寸及相互位置必须准确无误。

除上述要求外，冲压设备、原材料（卷料）也应满足相应要求。

2. 特点

多工位精密自动级进模的特点可归纳为以下几点：

（1）在一副模具中，可以完成包括冲裁、弯曲、拉深和成形等多道冲压工序，从而免去了用单工序模的周转和每次冲压的定位过程，提高了劳动生产率和设备利用率。

（2）由于在级进模中工序可以分散，不必集中在一个工位上，故不存在复合模的“最小壁厚”问题，可根据需要留出空工位，从而保证模具强度，延长模具寿命。

（3）多工位精密自动级进模常采用高速冲床生产冲压件，模具采用了自动送料、自动出件等自动化装置，操作安全，具有较高的劳动生产效率。

（4）模具结构复杂，制造精度要求很高，给模具制造、调试及维修带来一定难度。同时要求模具零件具有互换性，在模具零件磨损或损坏后要求更换迅速、方便、可靠。

（5）多工位精密自动级进模主要用于小型复杂冲压件的大批量生产，对较大的制件可选择如图4—1—3所示的多工位传递式冲压模具加工。

图4—1—3　多工位传递式冲压模具

二、多工位精密自动级进模的排样

排样是多工位精密自动级进模设计的关键。排样图的优化与否，不仅关系到材料的利用率、制件的精度、模具制造的难易程度和使用寿命等，而且直接关系到模具各工位加工的协调与稳定。如图 4—1—4 所示为多工位精密自动级进模冲压产品的排样带料示例。

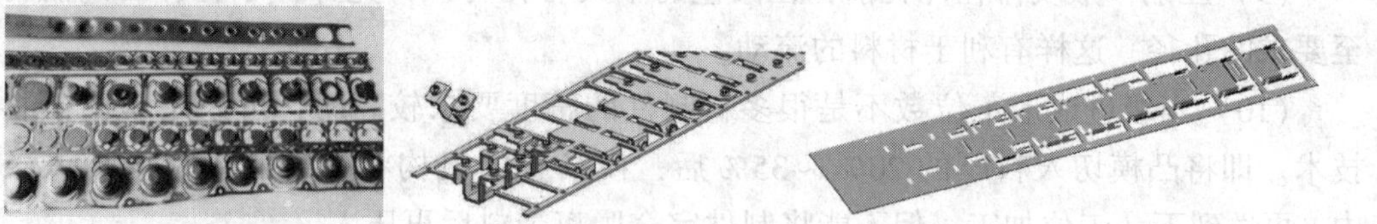

图 4—1—4 排样带料

当带料排样图设计完成，也就确定了模具的工位数及各工位的内容，制件各工序的安排及先后顺序、工件的排列方式，模具的送料步距、条料的宽度和材料的利用率，导料方式、弹顶器的设置和导正销安排，模具的基本结构等内容。

1. 排样设计应遵循的原则

较之于普通冲裁排样，多工位精密自动级进模的排样应做更多、更细致的考虑，具体原则及说明如下。

(1) 可制作冲压件展开毛坯样板（3 ~ 5 个），在图面上反复试排，待初步方案确定后，在排样图的开始端安排冲孔、切口、切废料等分离工位，再向另一端依次安排成形工位，最后安排制件和载体分离。在安排工位时，要尽量避免冲小半孔，以防凸模受力不均而折断。

(2) 第一工位一般安排冲孔和冲工艺导正孔。第二工位设置导正销对带料导正，在以后的工位中，视其工位数和易发生窜动的工位设置导正销，也可以在以后的工位中每隔 2 ~ 3 个工位设置导正销。第三工位根据冲压条料的定位精度，可设置送料步距的误送检测装置。

(3) 冲压件上孔的数量较多，且孔的位置太近时，可考虑分布在不同工位上冲出孔，但孔不能因后续成形工序的影响而变形。对相对位置精度有较高要求的多孔，应考虑同步冲出，因模具强度的限制不能同步冲出时，后续冲孔应采取保证孔相对位置精度要求的措施。对于复杂的型孔，可分解为若干简单型孔分步冲出。

(4) 为提高凹模镶块、卸料板及固定板的强度和保证各成形零件安装位置不发生干涉，可在排样中设置空工位。空工位的数量根据模具结构的要求而定。

(5) 成形方向的选择（向上或向下）要有利于模具的设计和制造，有利于送料的顺畅。若有不同于冲床滑块冲程方向的冲压成形动作，可采用斜滑块、杠杆和摆块等机构转换成形方向。

（6）对弯曲和拉深成形件，每一工位变形程度不宜过大，变形程度较大的冲压件可分几次成形。这样既有利于质量的保证，又有利于模具的调试修整。对精度要求较高的成形件，应设置整形工位。

（7）为避免U形弯曲件变形区材料的拉深，应考虑先弯成45°再弯成90°。

（8）在级进拉深排样中，可应用拉深前切口、切槽等技术，以便于材料的流动。

（9）压筋一般安排在冲孔前，在凸包的中央有孔时，可先冲一小孔，压凸后再冲至要求的孔径，这样有利于材料的流动。

（10）当级进成形工位数不是很多，制件的精度要求较高时，可采用压回条料的技术。即将凸模切入料厚的20%～35%后，模具中的机构将被切制件反向压入条料内，再送到下一工位加工，但不能将制件完全脱离带料后再压入。

（11）在级进冲压过程中，各工位分段切除余料后，形成完整的外形，此时一个重要的问题是如何使各段冲裁的连接部位平直或圆滑，以免出现毛刺、错位、尖角等，因此应考虑分段切除时的搭接方法。搭接方法如图4—1—5所示，图4—1—5a为搭接，第一次冲出A、B两区，第二次冲出C区，搭接区是冲裁C区凸模的扩大部分，搭接量应大于0.5倍材料料厚。图4—1—5b为平接，除了必须如此排样时，应尽量避免。平接时在平接附近要设置导正销，如果工件允许，第二次冲裁宽度要适当增加一些，凸模修出微小的斜角（一般取3°～5°）。

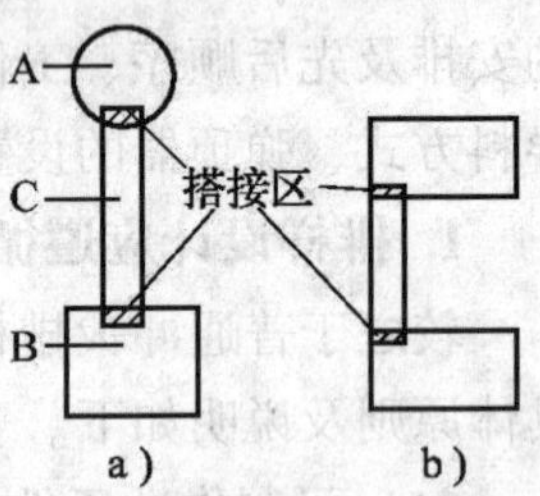

图4—1—5　搭接方法
a）搭接　b）平接

2. 带料的载体

鉴于搭边在多工位级进模中的特殊作用，在级进模的设计中，通常把搭边称为载体。作为运送带料的物体，载体的主要作用是：消除或减少带料在各工位变形时所产生的相互影响，运送带料到各工位进行各种冲裁、弯曲、翻边、拉深、成形等。因此，要求载体能够在带料的动态送进中，使带料保持送进稳定、定位准确，这样才能顺利地加工出合格的制件。

根据制件形状、变形性质及料厚等实际需要，载体一般可采用以下几种形式：边料载体、双载体（也称双侧留料载体）、中载体（也称中部留料载体）、单边载体（也称单侧留料载体）、其他形式载体。

（1）边料载体

边料载体是利用材料搭边而形成的载体，载体上可冲导正用的工艺孔，然后使用该孔进行定位，其示例如图4—1—6所示。

采用边料载体时，一般要求料厚$t \geq 0.2$ mm，步距可大于20 mm；可多件排列，尤其圆形件能提高材料利用率；可用于在载体上有冲导正工艺孔的带料或条料。

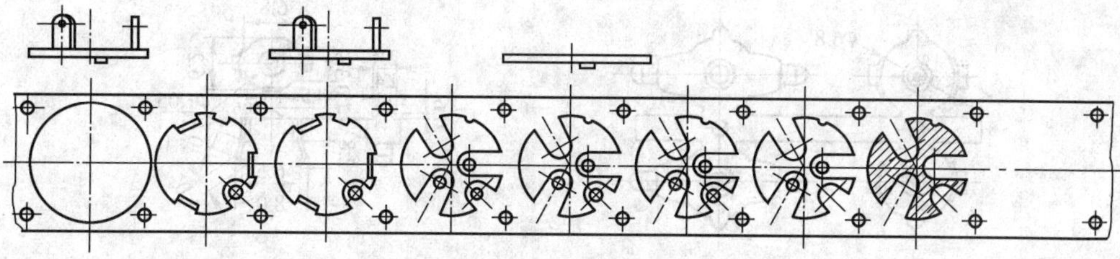

图 4—1—6 边料载体

(2) 双载体

双载体实质是一种增大条料两侧搭边的宽度，以供冲导正工艺孔需要的载体。特别是所冲带料较薄时，增加边料可保证送料的刚度和精度。这种载体主要用于薄料、制件精度较高的场合，其示例如图 4—1—7 所示。

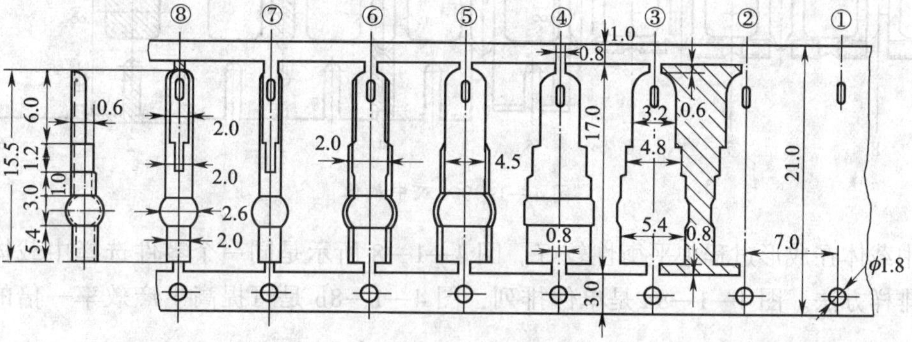

图 4—1—7 弯曲成形件双载体

需要指出的是，采用双载体形式材料利用率有所降低。故这种载体形式通常使用在料厚 $t<0.2$ mm 的薄料，且往往是单件排列。

(3) 中载体

中载体通过在带料上沿制件毛坯四周切去大部分材料，仅在带料宽度方向的中间部分留下少许连接材料而形成，中载体常用于那些材料厚度大于 0.2 mm 的对称弯曲成形件，利用材料不变形的区域与载体连接，成形结束后切除载体。中载体可分为单中载体和双中载体，其示例如图 4—1—8、图 4—1—9 所示。

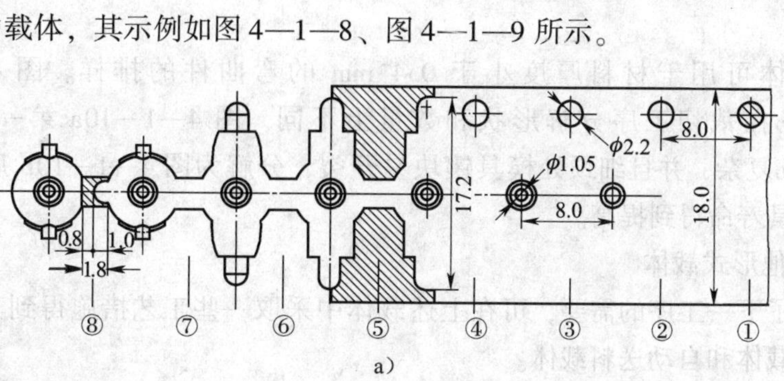

a)

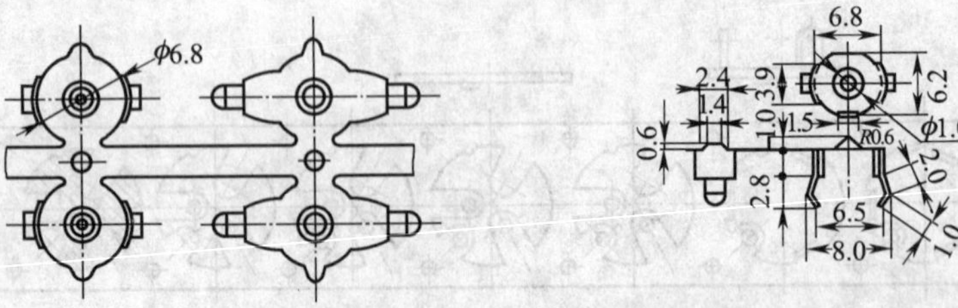

b） c）

图 4—1—8 单中载体

a）单件排样 b）双排排样 c）b 图冲压件

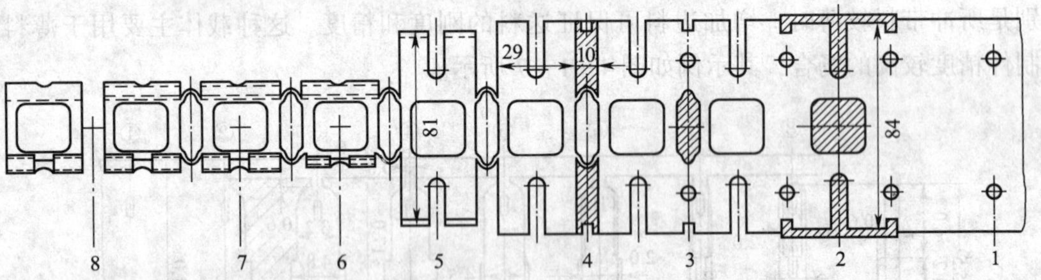

图 4—1—9 双中载体

中载体在成形过程中平衡性较好。图 4—1—8 所示是同一个零件选择中载体时不同的排样方法。图 4—1—8a 是单件排列，图 4—1—8b 是可提高生产效率一倍的双排排样。

图 4—1—9 所示零件要进行两侧以相反方向卷曲的成形弯曲，选用单中载体难以保证成形件成形后的精度要求，选用可延伸连接的双中载体可保证成形件的质量。当然，载体宽度较大，材料利用率降低是其缺点。

（4）单边载体

单边载体只在带料的一侧留下连接材料，单边载体主要用于弯曲件。在不参与成形的合适位置留出载体的搭口（载体与坯件或坯件与坯件的连接部分称搭口），采用切废料工艺将制件留在载体上，最后切断搭口得到制件，如图4—1—10 所示。

单边载体可用于材料厚度小于 0.4 mm 的弯曲件的排样。图 4—1—10a 和图 4—1—10b 在裁切工序分解形状和数量上不同，图 4—1—10a 第一工位形状比图 4—1—10b 复杂，并且细颈处模具镶块易开裂，分解为图 4—1—10b 后的镶块便于加工，且模具寿命得到提高。

（5）其他形式载体

有时为了下一工序的需要，可在上述载体中采取一些工艺措施得到其他形式的载体，如加强载体和自动送料载体。

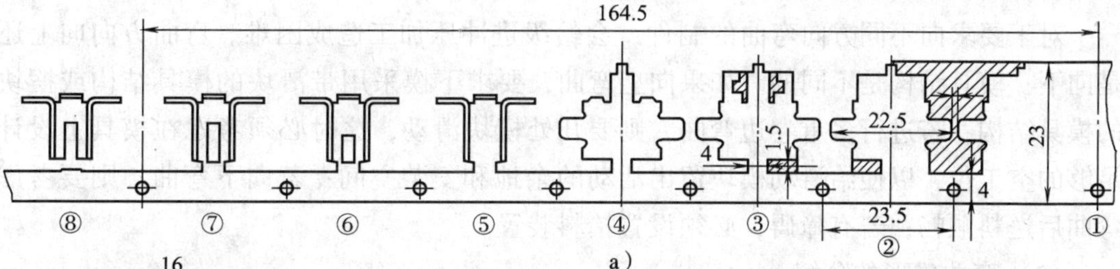

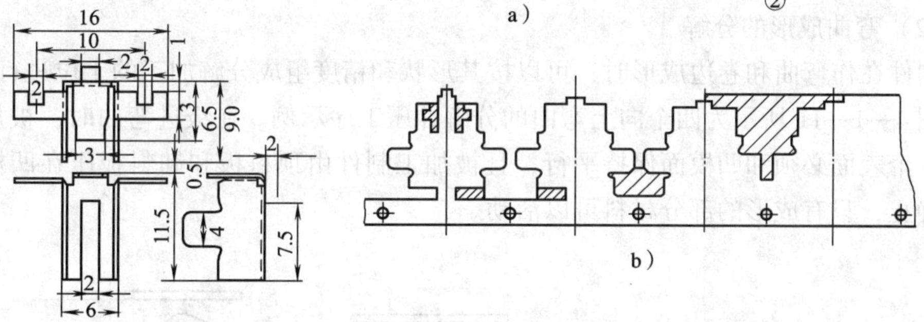

图 4—1—10 单边载体

a）方案1 b）方案2

加强载体是为了使厚度不大于 0.1 mm 的薄料送进平稳，保证冲压精度，对载体采取压筋、翻边等提高载体刚度的加强措施而形成的载体形式。

有时为了自动送料，可在载体的导正孔之间冲出匹配钩式自动送料装置拉动载体送进的长方孔，从而形成自动送料载体。

三、排样图的工位布置方法

多工位精密自动级进模排样设计，涉及冲裁、弯曲和拉深等成形工位的设计。由于各种成形方法有着各自的成形特点，故其工位设计必须与成形特点相适应。

1. 冲裁工位设计要点

进行多工位精密自动级进模冲裁工位排样设计时，应注意以下四点：

（1）对于复杂形状的凸模，宁可多增加一个冲裁工位，也要使凸模形状简单，以便加工凸模、凹模和保证凸模、凹模的强度。

（2）对于孔边距很小的制件，为防止落料时引起离制件边缘很近的孔产生变形，可将孔旁的外缘以冲孔方式先于内孔冲出，即冲外缘工位在前，冲内孔工位在后。

（3）对于有严格相对位置要求的局部内、外形，应考虑尽可能在同一工位上冲出，以保证制件的位置精度要求。

（4）为增加凹模强度，应考虑在模具上适当安排空工位。

2. 弯曲工位设计要点

进行多工位精密自动级进模弯曲工位排样设计时，应注意三方面的问题：冲压与弯曲方向、弯曲成形的分解、弯曲时坯料的滑移。

（1）冲压与弯曲方向

对于要求向不同方向弯曲的制件，会给级进冲压加工造成困难。弯曲方向向上还是向下，模具结构是不同的。如果向上弯曲，要求下模采用带滑块的模具结构或摆块的模具结构；若进行多重卷边弯曲，则要几处模块滑动，这时必须考虑在模具上设计足够的空工位，以便给滑动模块留出活动的余地和安装空间；若向下弯曲，则要考虑弯曲后送料顺畅；若有障碍，必须设置抬料装置。

（2）弯曲成形的分解

制件在作弯曲和卷边成形时，可以按其形状和精度组成分解加工的工位进行冲压。

图4—1—11所示为四个向上弯曲的分解冲压工序示例。在级进弯曲时，被加工材料的一个表面必须和凹模面保持平行，且被加工制件由顶料板和卸料板压在凹模面上保持静止，只有成形的部分材料可以活动。

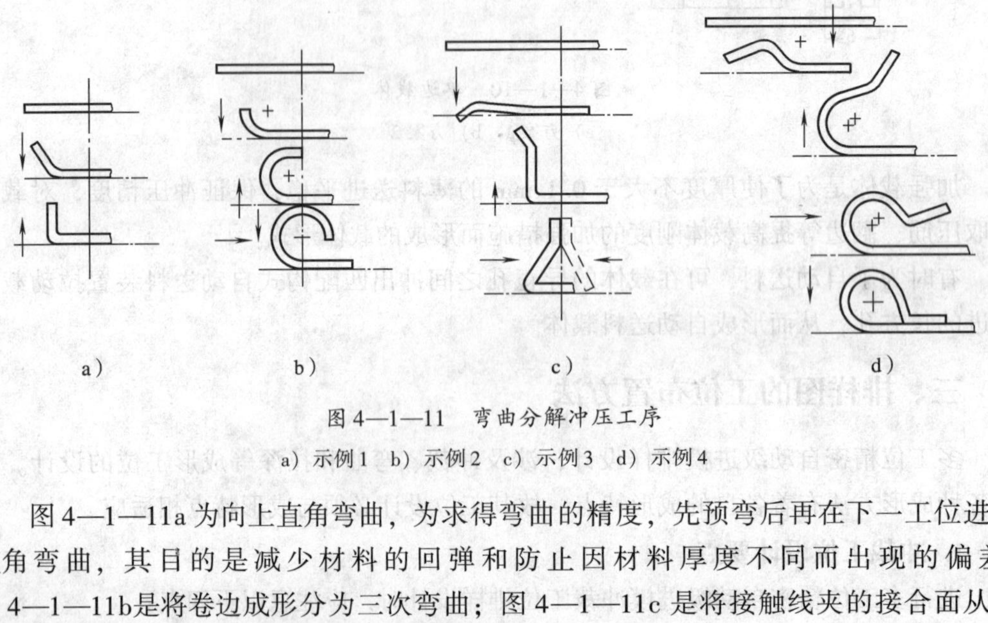

a）　　b）　　c）　　d）

图4—1—11　弯曲分解冲压工序

a）示例1　b）示例2　c）示例3　d）示例4

图4—1—11a为向上直角弯曲，为求得弯曲的精度，先预弯后再在下一工位进行直角弯曲，其目的是减少材料的回弹和防止因材料厚度不同而出现的偏差；图4—1—11b是将卷边成形分为三次弯曲；图4—1—11c是将接触线夹的接合面从两侧弯曲加工的示例，冲裁的圆角带在内侧，分三次弯曲。图4—1—11d是带有弯曲、卷边接合面的制件加工示例，分四次弯曲成形。

由此可见，在分步弯曲成形时，不变形部分的材料被压紧在模具表面上，变形部分的材料在模具成形零件的加压下进行弯曲，加压的方向需根据弯曲要求而定，常使用斜滑块，将冲床滑块的垂直运动转变为模块的水平运动。

（3）弯曲时坯料的滑移

对坯料进行弯曲和卷边成形，应防止成形过程中材料移位造成的制件误差。一般采取的对策是先对加工材料进行导正定位，在卸料板与凹模接触并压紧后，再作弯曲动作。

3. 拉深工位设计要点

进行多工位级进拉深成形时，不像单工序拉深模那样以散件形式单个送进，而是通过带料以组件形式连续送进，如图 4—1—12 所示。通过载体、搭边和坯件连在一起的组件，便于稳定作业，成形效果良好。

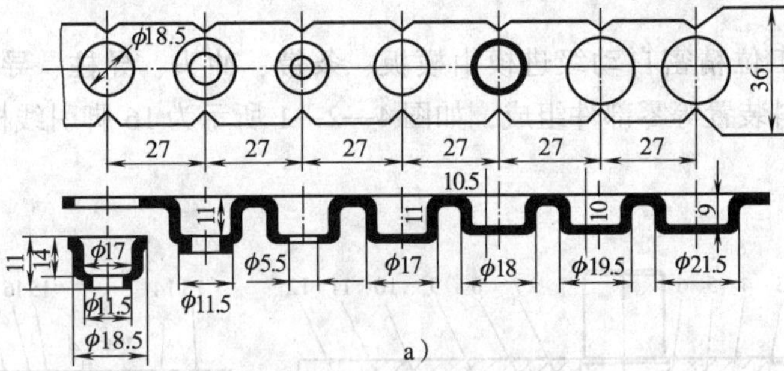

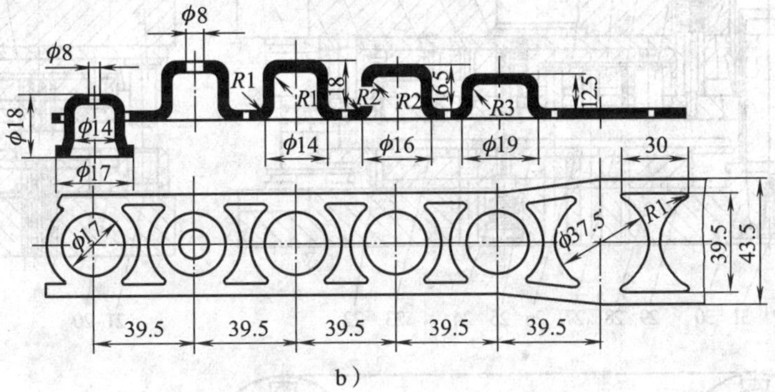

图 4—1—12 带料级进拉深

a）方案 1 b）方案 2

但是，由于级进拉深时不能进行中间退火，故要求材料应具有较高的塑性；又由于级进拉深过程中工位间的相互制约，因此，每一工位拉深的变形程度不可能太大，且工位间还留有较多的工艺废料，材料的利用率有所降低。

要保证级进拉深工位布置满足成形要求，应根据制件的尺寸及拉深所需要的次数等工艺参数，用简易临时模具试拉深，根据是否拉裂或成形过程的稳定性，来进行工位数量和工艺参数的修正，插入中间工位，增加空工位等，反复试制到加工稳定为止。在结构设计上，还可根据成形过程的要求、工位的数量、模具的制造和装配组成单元式模具。

第二节 多工位精密自动级进模典型结构及主要部件

级进模是众多零件按照一定的装配关系组成的整体。能够连续稳定地工作并冲压出所需形状和尺寸精度的制件，能够减少制件的精加工和二次加工，成形效率高、有自动送料机构、成形工位安排合理、有防止废料和制件上升的措施及检测保护装置，耐用性好、磨损小、制造费用尽可能低等，这些都是对多工位精密自动级进模设计的要求。

一个典型的多工位精密自动级进模由模板、条带、冲头、导柱、导套、定位销、螺钉、浮升销、卸料装置等零部件组成，如图 4—2—1 所示为 16 脚引线框多工位精密自动级进模。

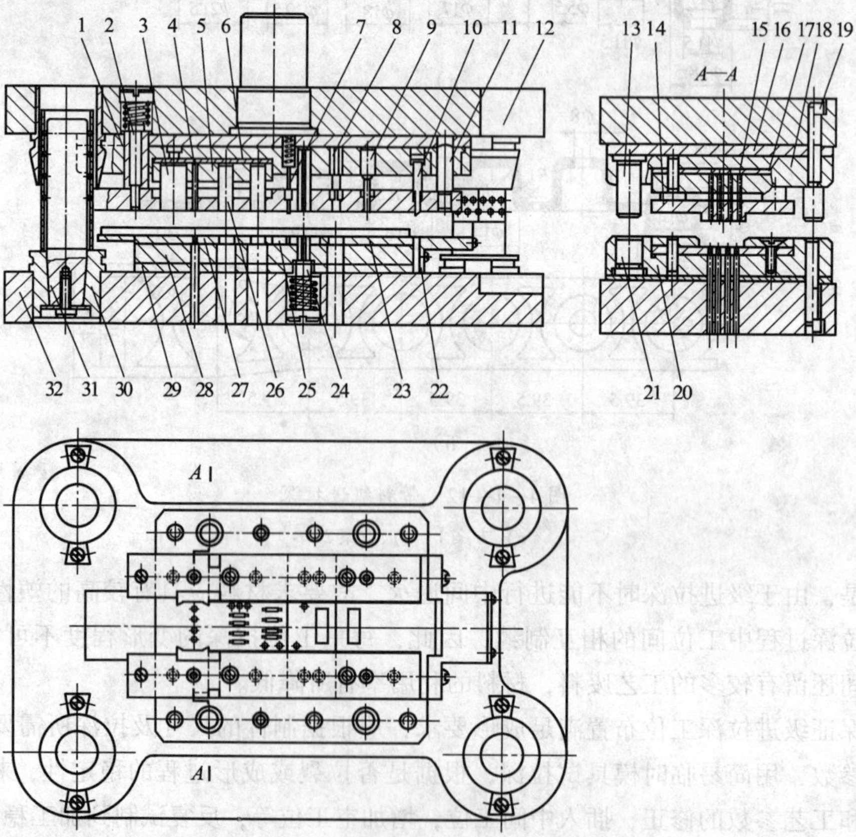

图 4—2—1　16 脚引线框多工位精密自动级进模

1—套筒　2—卸料螺钉　3—侧刃凸模　4—冲孔凸模　5—固定板　6—垫板　7—导正销　8—去废料顶杆　9—压平凸模　10—切断凸模　11—小导柱　12—模座　13—限位柱　14—弹压卸料板　15—冲孔凸模　16—垫板　17—垫板　18—固定板　19—螺钉　20—下模框　21—限位柱　22—承料板　23—凹模板　24—顶块　25—镶块　26—冲孔凸模　27—凹模板　28—支承板　29—垫板　30—固定环　31—导柱　32—下模座

一、模具典型结构

1. 制件技术要求

集成电路 16 脚引线框冲压件如图 4—2—2 所示，该制件主要技术要求如下：

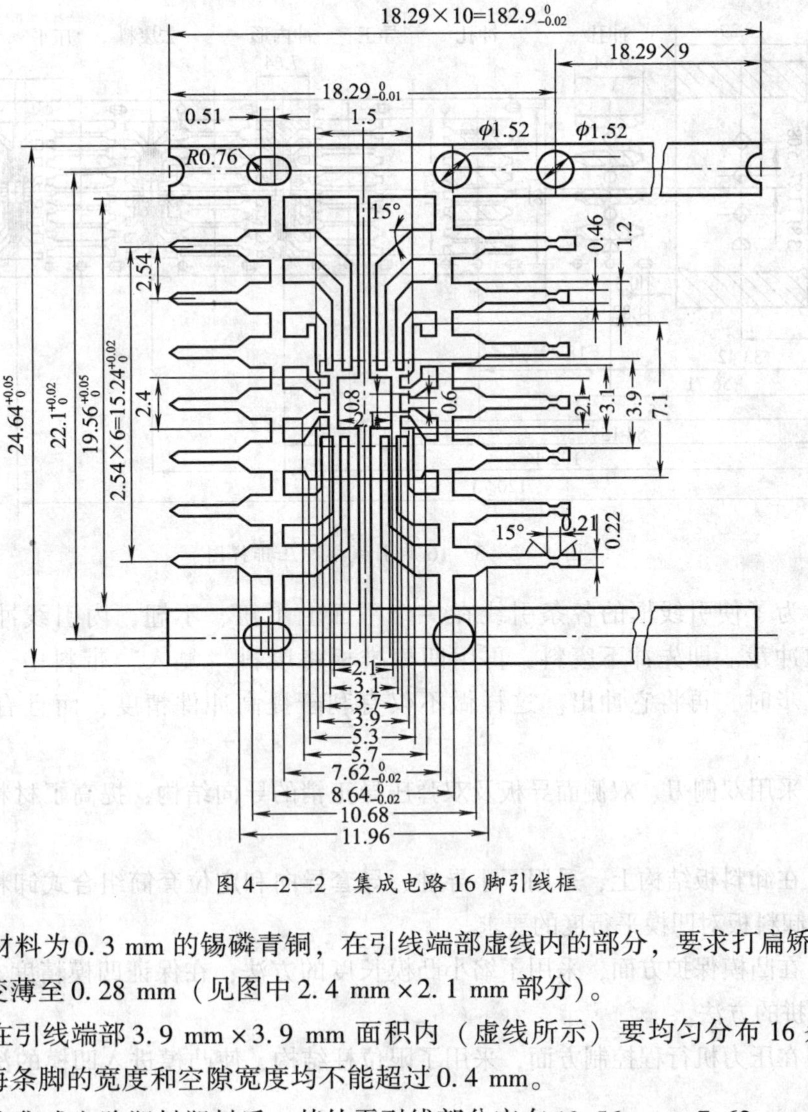

图 4—2—2 集成电路 16 脚引线框

（1）材料为 0.3 mm 的锡磷青铜，在引线端部虚线内的部分，要求打扁矫平，并使材料厚度变薄至 0.28 mm（见图中 2.4 mm×2.1 mm 部分）。

（2）在引线端部 3.9 mm×3.9 mm 面积内（虚线所示）要均匀分布 16 条脚的引线，因此每条脚的宽度和空隙宽度均不能超过 0.4 mm。

（3）在集成电路塑料塑封后，其外露引线部分应在 19.56 mm×7.62 mm 范围内均匀分布，因此引线由内向外要各自定向转弯，引线脚越多，转弯越多。

（4）为了塑封模的定位，各引线粗细应均匀，要求每 10 个引线框成一组，其孔距积累误差（$18.29\times10=182.9_{-0.02}^{\ 0}$ mm），不准超过 0.02 mm，因此每工步的平均误差应小于 0.002 mm。

2. 模具结构特点

根据图 4—2—1 所示，该模具结构具有如下特点：

（1）采用了滚动式、四导柱、可拆装精密模架。

（2）为了保证制件精度，在冲压工艺上采用了级进、复合式冲裁，排样如图 4—2—3所示，即外引线部分采用级进式冲裁，内引线部分采用复合式冲裁。

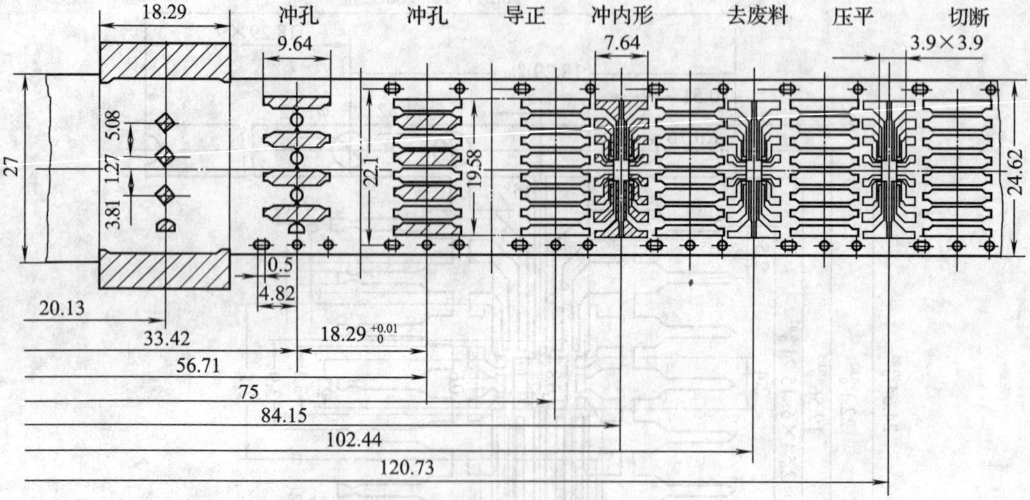

图 4—2—3　16 脚引线框冲压排样图

(3) 为了使引线框的各条引线在一个平面上不扭、不翘，内引线冲裁采用复合、复位冲裁。即先冲下废料，再用凹模推板将废料“复入”带料中，在带料转至下一工步时，再将它冲出。这样做不仅有利于提高冲件精度，而且有利于提高凹模寿命。

(4) 采用双侧刃、双侧面导板及双弹压导正销的导向结构，提高了材料的送料精度。

(5) 在卸料板结构上，采用了小导柱、导套导向和定位套筒组合式卸料螺钉，以满足弹压卸料板对凹模平行度的要求。

(6) 在凸模保护方面，采用了缩小凸模长度的方法；在保证凹模精度方面，采用了分段镶拼的方法。

(7) 在压力机行程控制方面，采用了限位柱结构，使凸模进入凹模的深度得到了控制。

(8) 为了获得每 10 个引线框为一组的引线条，便于集成电路塑料封的大量生产，该模具采用了由端面凸轮和棘轮及切刀等组成的自动切料机构，如图 4—2—4 所示。

压力机每冲裁 10 次，由于凸轮到位，使滑块按图示位置往左移动，切断凸模（切刀）被压下，即切断一次料。当切断完成后，由棘轮机构带动凸轮转过凸轮凸起的位置，切刀受到弹簧力的作用而缩回原位，不再起切断作用。除了采用该机构实现定尺寸的冲切外，还可采用传感元件和自动切料机构组合，控制定尺寸料长。

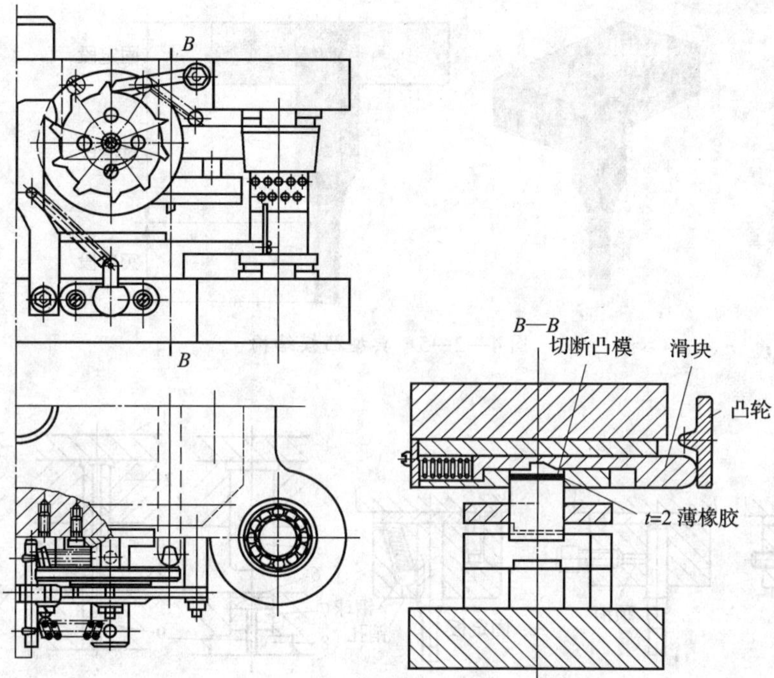

图 4—2—4 16 脚引线框级进模自动切料机构

二、模具主要零部件结构

多工位精密自动级进模的主要零部件，除应满足一般冲压模具的结构要求外，还应根据精密级进模冲压特点、模具主要零部件装配和制造要求来考虑其结构形状和尺寸。

1. 凸模

凸模是多工位级进模中最基本的零件之一，其设计对级进模的结构、使用性能和寿命有着重要影响。在多工位级进模中有许多冲小孔凸模、冲窄长槽凸模、分解冲裁凸模，应根据具体的冲裁要求、被冲材料的厚度、冲压的速度、冲裁间隙和凸模的加工方法等因素来考虑这些凸模的结构及其固定方法。

（1）凸模结构和类型

级进模的典型凸模结构如图 4—2—5 所示，按照凸模各部分的作用，可把它划分为刃口段、固定段和中间过渡段。

对于冲小孔凸模，通常采用加大固定部分直径、缩小刃口部分长度的措施来保证小凸模的强度和刚度。当工作部分和固定部分直径相差太大时，可采用多台阶结构。各台阶过渡部分必须用圆弧光滑连接，不允许有刀痕。特小的凸模可以采用保护套结构。卸料板还应起到对凸模的导向作用，以消除侧压力对凸模的影响。常见的小凸模及其装配形式如图 4—2—6 所示。

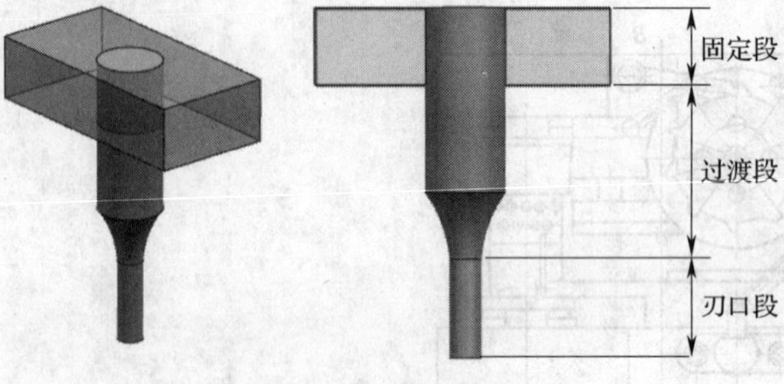

图 4—2—5　典型凸模结构

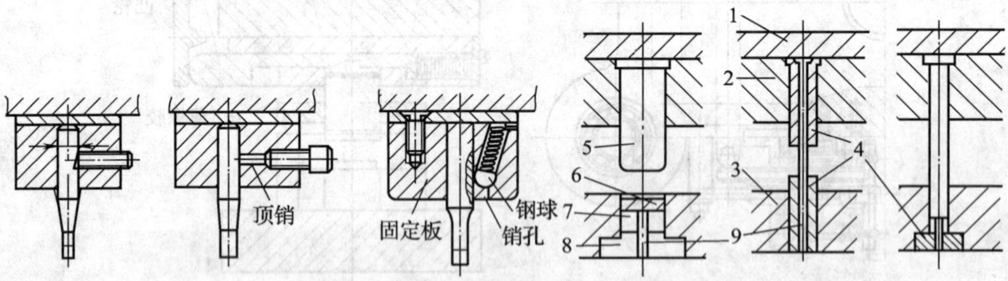

图 4—2—6　小凸模及其装配形式

1—垫板　2—凸模固定板　3—弹性卸料板　4、8—镶套

5—压柱　6—垫板　7—定位套　9—小凸模

冲压生产中，冲孔后的废料若贴在凸模端面上，会使模具损坏，故对 2 mm 以上的凸模应考虑废料的排除。如图 4—2—7 所示为带顶出销结构凸模，它利用弹性顶销使废料脱离凸模端面。也可在凸模中心加通气孔，减小冲孔废料与冲孔凸模端面上的“真空区压力”，使废料易于脱落。

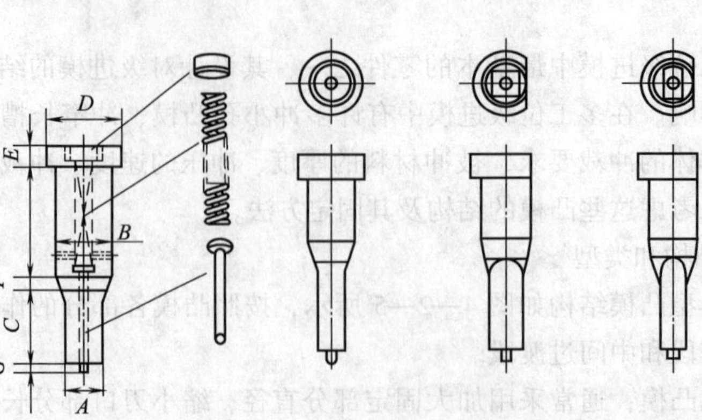

图 4—2—7　能排除废料的凸模

（2）凸模固定方法

凸模常用的固定方法如图 4—2—8 所示，固定部分应有能加工螺钉孔的位置。对

于较薄的凸模，可以采用销钉吊装，如图 4—2—9 所示，或采用如图 4—2—10 所示的侧面开槽，用压板固定小凸模。

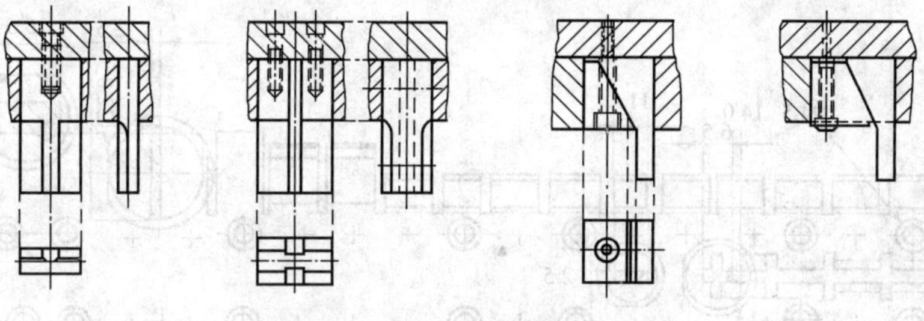

图 4—2—8 螺钉固定凸模

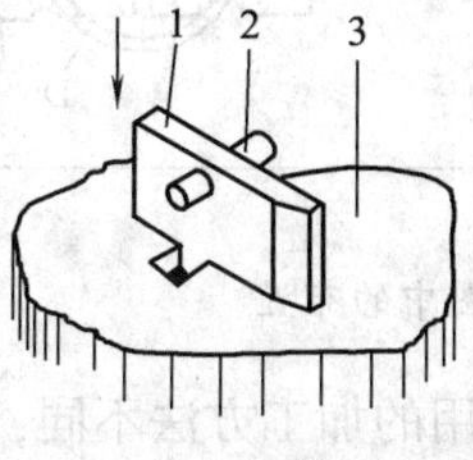

图 4—2—9 销钉吊装凸模

1—凸模 2—销钉 3—凸模固定板

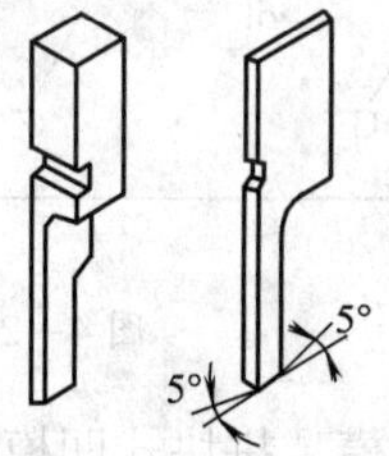

图 4—2—10 压板固定的小凸模

2. 凹模

多工位精密自动级进模凹模的结构与制造比凸模更为复杂，多采用拼块式和嵌块式结构，这样做的优点在于：简化制造，冲模精度高，节省贵重金属，易于控制热处理变形，方便装配调整。

(1) 结构形式

1) 嵌块式凹模。嵌块式凹模示例如图 4—2—11 所示，其特点是嵌块套做成圆形，且可选用标准的零件，嵌块损坏后可迅速更换备件。

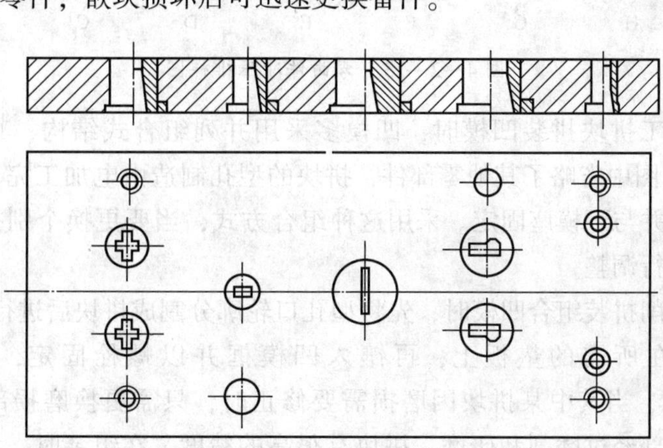

图 4—2—11 嵌块式凹模

需要指出的是，采用嵌块式凹模，嵌块在排样图设计时，就应考虑其布置的位置及大小，如图 4—2—12 所示。

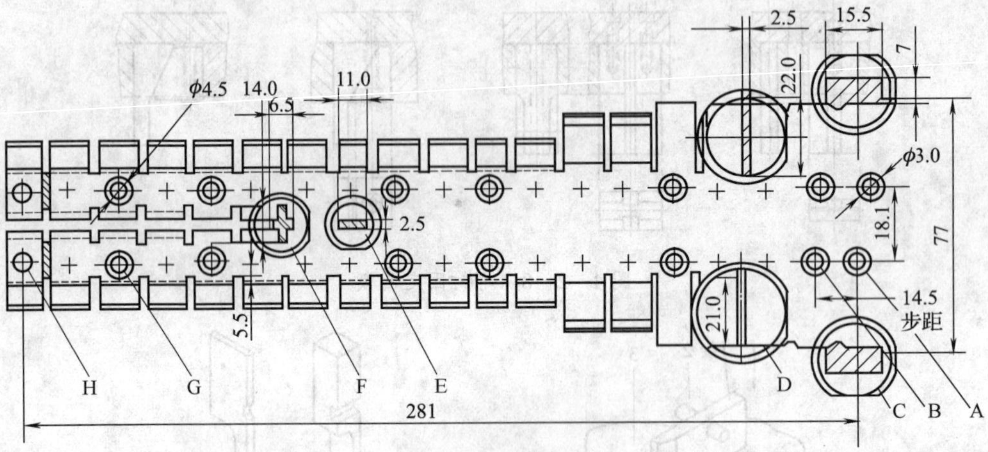

图 4—2—12　嵌块在排样图中的布置

2）拼块式凹模。拼块式凹模的组合形式因采用的加工方法不同，分为两种组合形式：放电加工拼块拼装凹模、成形磨削拼装组合凹模。现以如图 4—2—13 所示某弯曲件冲压排样图为例，对两种组合形式的凹模加以说明。

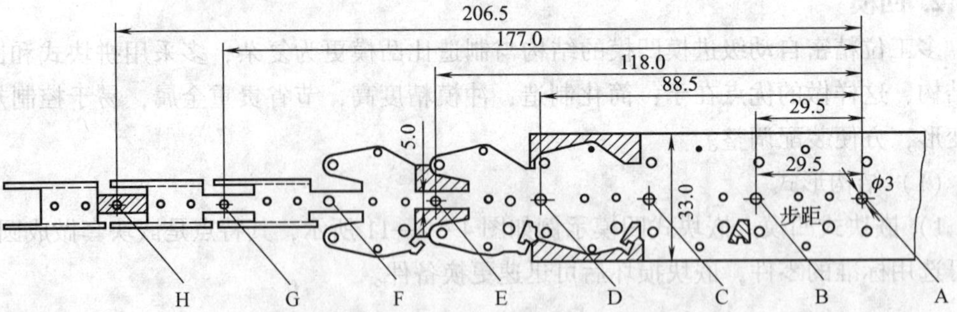

图 4—2—13　弯曲件冲压排样图

采用放电加工拼块拼装凹模时，凹模多采用并列组合式结构，其结构示意如图 4—2—14 所示，图中省略了其他零部件，拼块的型孔制造由电加工完成，加工好的拼块安装在垫板上并与下模座固定。采用这种组合方式，当要更换个别拼块时，必须对全工位的步距进行调整。

采用成形磨削拼装组合凹模时，先将型孔口轮廓分割成拼块后进行成形磨削加工，然后将拼块装在所需的垫板上，再镶入凹模框并以螺栓固定，其结构示意如图 4—2—15所示，当其中某拼块因磨损需要修正时，只需更换磨损部分就能继续使用。由于拼块全部经过磨削和研磨，拼块有很高的精度。在组装时，为确保相互有关联尺寸，可对需配合面增加研磨工序，对易损件可制作备件。

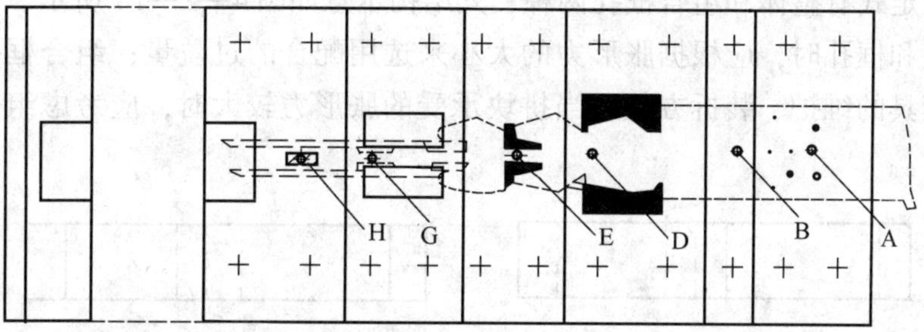

图 4—2—14 并列组合凹模

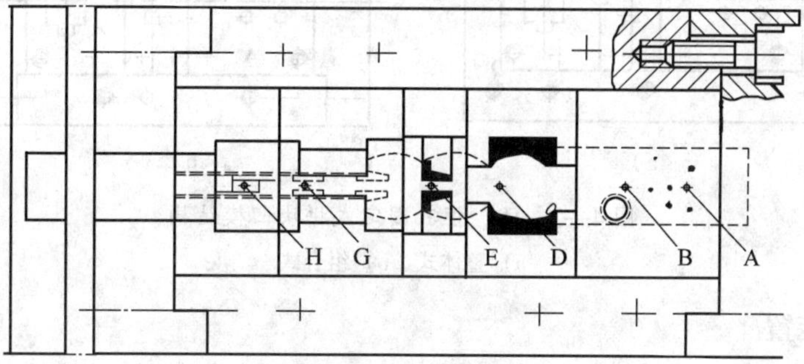

图 4—2—15 磨削拼装凹模

（2）固定方法

根据需要，凹模可以采用多种固定方式。就拼块凹模而言，通常有平面固定式、直槽固定式和框孔固定式。

平面固定式是将凹模各拼块分别用定位销（或定位键）和螺钉固定在垫板或下模座上，其结构示意如图 4—2—16 所示，它适用于拼块凹模或较大拼块分段的固定方法。

直槽固定式是将拼块凹模直接嵌入固定板的通槽中，各拼块不用定位销，而在直槽两端用键或楔及螺钉固定，其结构示意如图 4—2—17 所示。

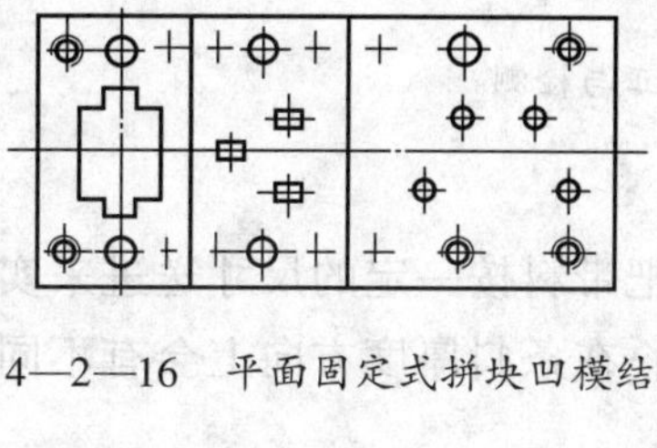

图 4—2—16 平面固定式拼块凹模结构

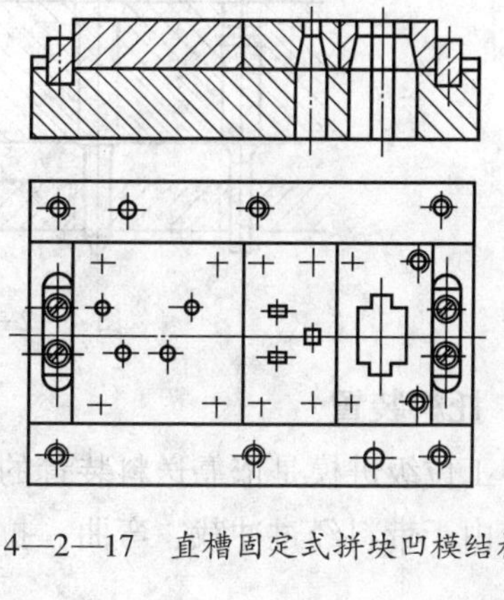

图 4—2—17 直槽固定式拼块凹模结构

框孔固定式有整体和组合框孔两种，其结构示意如图 4—2—18 所示。整体框孔固定凹模拼块和框孔时，应根据胀形力的大小来选用配合的过盈量；组合框孔固定凹模拼块时，模具的维护、装拆方便，当拼块承受的胀形力较大时，应考虑组合框连接的刚度和强度。

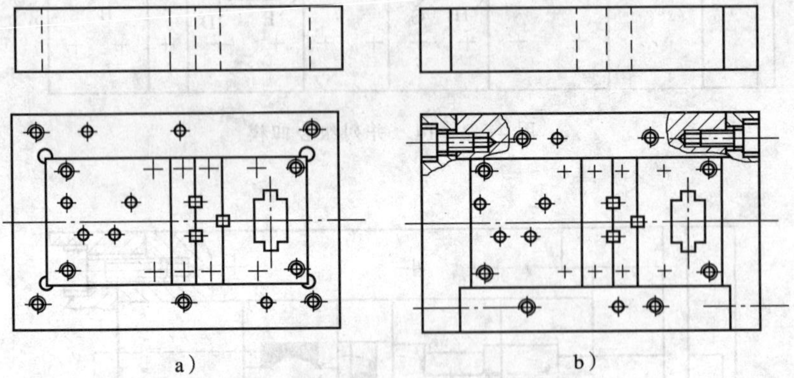

图 4—2—18　框孔固定式拼块凹模结构

a）整体式　b）组合式

3. 定位装置

在多工位精密自动级进模中，带料的送进步距及定位精确必不可少，为此，一般采用导正销与侧刃配合使用，侧刃作定距和粗定位，导正销作为精定位。此时，侧刃长度一般大于步距 0.05 ~ 1 mm，以便导正销入孔时，条料略向后退。在自动冲压时，可不用侧刃，条料的定位与送进靠导料板、导正销和送料机构来实现。

在精密级进模中，作为精定位的导正孔，一般安排在排样图中的第一工位冲出，导正销设置在紧随冲导正孔的第二工位，第三工位设置有检测条料送进步距的误送检测凸模，其结构示意如图 4—2—19 所示。

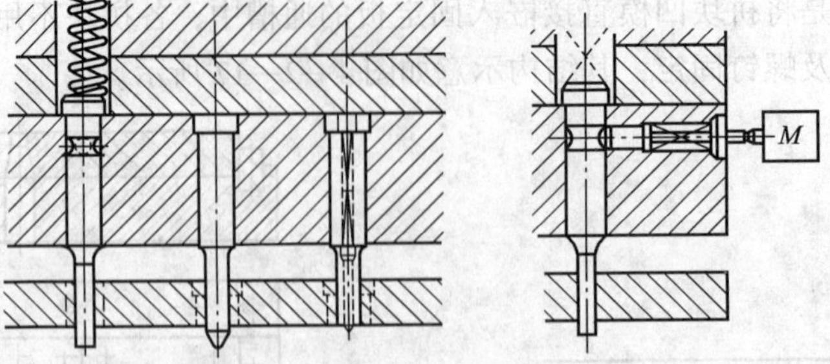

图 4—2—19　带料的导正与检测

4. 托料装置

多工位级进模是依靠送料装置的机械动作，把带料按一定的尺寸送进来实现自动冲压。由于带料经过冲裁、弯曲、拉深等变形后，在条料厚度方向上会有不同高度的弯曲和凸起，为了顺利送进带料，必须将带料托起，使凸起和弯曲部位离开凹模工作面。这种使带料托起的特殊机构称为托料装置，如图 4—2—20 所示，托料装置往往和带料的导向零件共同使用。

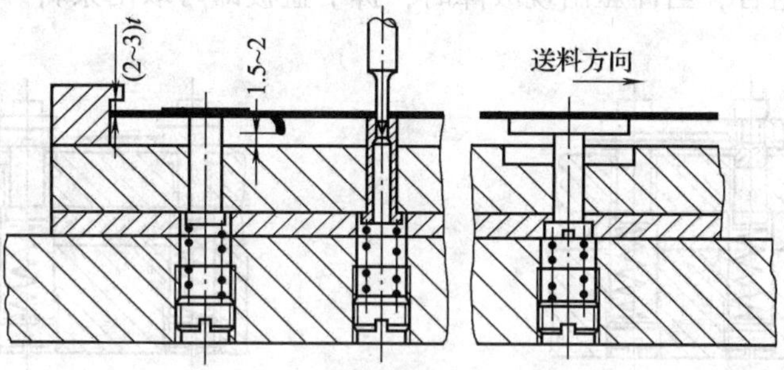

图 4—2—20 托料装置

a）托料钉 b）托料管 c）托料块

（1）单一托料装置

经常采用的单一托料装置有托料钉、托料管和托料块三种。托料时，托起高度一般应使坯件最低部位高出凹模面 1.5 ~ 2 mm，同时应使被托起的条料上平面低于刚性导料板下平面 2 ~ 3 倍左右条料厚度，以确保条料顺利送进。

托料钉的优点在于，可以根据情况随意分布，托料效果好，凡是在托料力不大的情况下都可采用压缩弹簧作托料力源。托料钉通常采用圆柱形，当然，在送料方向带有斜度时也可采用方形。托料钉经常是成对使用，并设置在条料上没有较大的孔和成形部位的下方。

托料管设置在导正孔的位置进行托料，它与导正销按 H7/h6 进行配合，管孔起导正孔作用，适用于薄板料。

对于刚性差的条料，应采用托料块托料，以免条料变形。

（2）托料导向装置

托料装置常与导料板组成托料导向装置，所以，托料导向装置是具有托料和导料双重作用的模具部件，在级进模中应用广泛。根据需要，托料导向装置可分为托料导向钉和托料导向板两种。

1）托料导向钉。托料导向钉结构示意如图 4—2—21 所示，模具工作时，当送料结束，上模下行，卸料板凹坑底面首先压缩导向钉，使条料与凹模面平齐开始冲压；当上模回升时，弹簧将托料导向钉推至最高位置，进行下一步

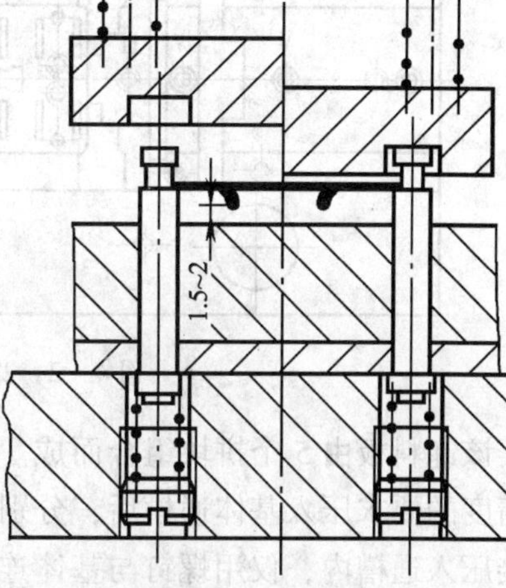

图 4—2—21 托料导向钉结构

的送料导向。

2）托料导向板。托料导向板结构示意图 4—2—22 所示。托料导向板由四根浮动导销与两条导轨式导板组成，适用于薄料和要求较大托料范围的材料托起。导轨式导板一般分为两件组合，当冲压出现故障时，拆下盖板即可取出条料。

图 4—2—22　托料导向板结构

5. 卸料装置

卸料装置是多工位精密自动级进模结构中的重要部件。它不仅用于卸料，还起导正凸模、压平材料的作用。模具的精度及模具的使用寿命与卸料装置的导向精度和强度密切相关。卸料装置主要由卸料板、弹性元件、卸料螺钉和辅助导向零件组成。

（1）卸料板的结构

多工位精密自动级进模的弹压卸料板，由于型孔多、形状复杂，为保证型孔尺寸精度、位置精度和配合间隙，通常采用分段拼装结构固定在一块刚度较大的基体上，如图 4—2—23 所示为其结构示意。

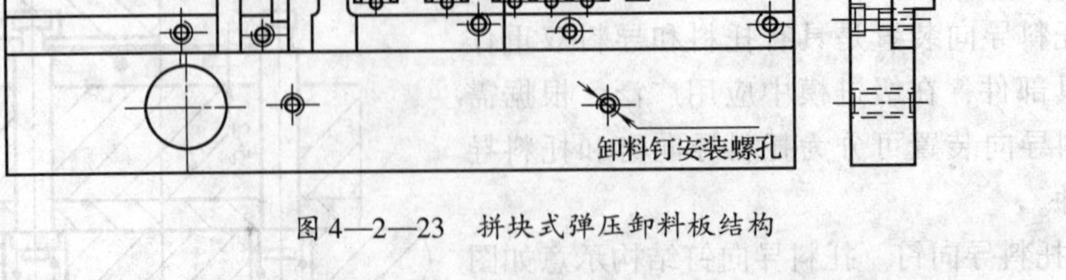

图 4—2—23　拼块式弹压卸料板结构

该卸料板由 5 个拼块组合而成。基体按基孔配合关系开出通槽，两端的两块按位置精度的要求压入基体通槽后，分别用螺钉、销钉定位固定；中间三块经磨削加工后直接压入通槽内，仅用螺钉与基体连接。安装位置尺寸采用对各分段的结合面研磨加工来调整，从而控制各型孔的尺寸精度和位置精度。

（2）卸料板的导向形式

由于卸料板有保护小凸模的作用，要求卸料板有很高的运动精度，为此要在卸料板与上模座之间增设小导柱和小导套作为辅助导向零件，如图 4—2—24 所示。

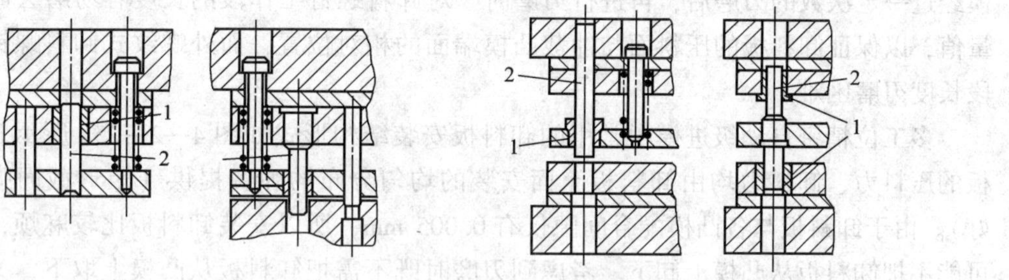

图 4—2—24 小导柱、导套结构

1—小导套 2—小导柱

需要指出的是，当冲压的材料比较薄，且模具的精度要求较高，工位数又较多时，应选用滚珠式导柱导套。

（3）卸料板的安装形式

卸料板采用卸料螺钉吊装在级进模上模。卸料螺钉应对称分布，工作长度要严格一致。多工位精密自动级进模使用的卸料螺钉结构见表 4—2—1。

表 4—2—1 卸料螺钉结构

名称	形状	头部形状
外螺纹式	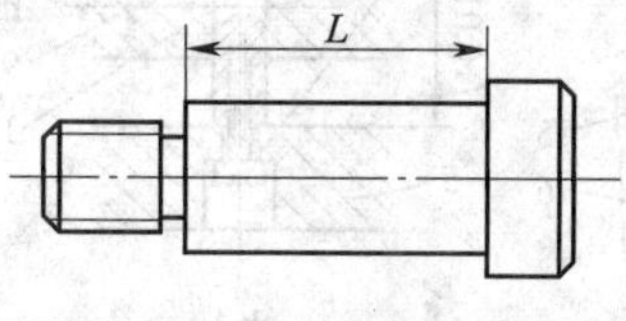	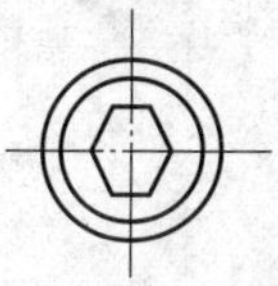
内螺纹式	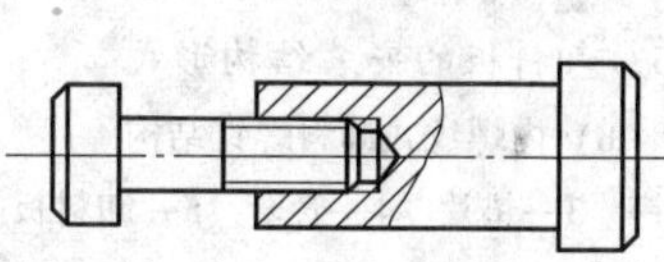	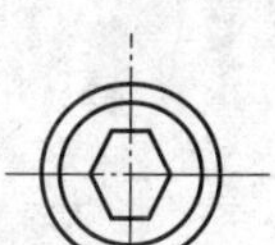
组合式	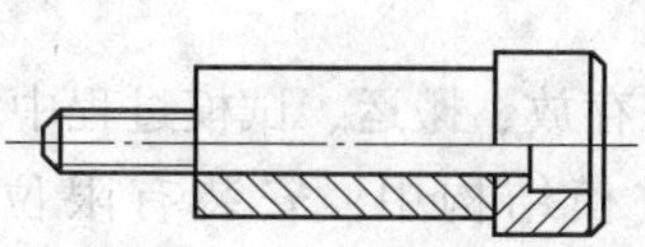	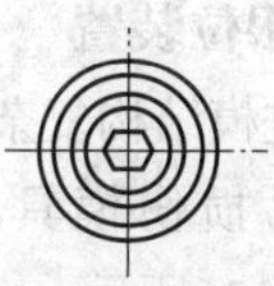
	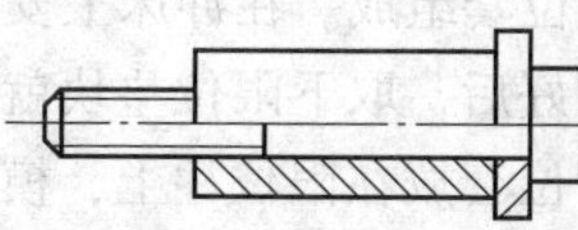	

外螺纹式轴长 L 精度为 ±0.1 mm；内螺纹式轴长精度为 ±0.02 mm，通过磨削轴端面可使一组卸料螺钉工作长度保持一致；组合式由套管、螺栓和垫圈组合而成，它的轴长精度可控制在 ±0.01 mm。内螺纹和组合式还有一个很重要的特点，当冲裁凸模经过一定次数的刃磨后，再进行刃磨时，对卸料螺钉工作段的长度容易磨去同样的量值，以保证卸料板的压料面与冲裁凸模端面的相对位置，而外螺纹式卸料螺钉工作段长度刃磨困难。

多工位精密自动级进模中常用的卸料板安装结构形式如图 4—2—25a 所示。卸料板的压料力、卸料力均由卸料板上面安装的均匀分布的弹簧提供（矩形截面弹簧为好）。由于卸料板与各凸模配合间隙仅有 0.005 mm，所以安装卸料板比较麻烦，应尽可能不把卸料板从凸模上卸下。考虑到刃磨时既不需把卸料板从凸模上取下，又要使卸料板低于凸模刃口端面，所以把弹簧固定在上模内，并用螺塞限位。刃磨时，只要旋出螺塞，弹簧即可取出，不受弹簧作用的卸料板随之可以移动，露出凸模刃口端面，即可重磨刃口。卸料螺钉若采用套管组合式，修磨套管尺寸可调整卸料板相对凸模的位置，修磨垫片可调整卸料板达到理想的动态平行度（相对于上下模）要求。图 4—2—25b是采用内螺纹式卸料螺钉结构，弹簧压力通过卸料螺钉传至卸料板。

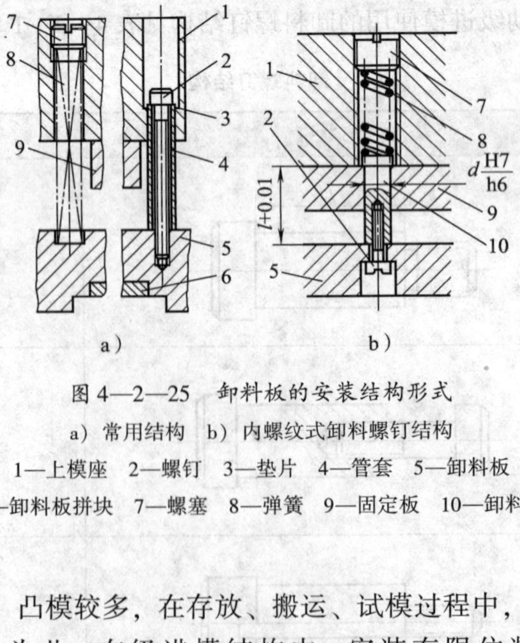

图 4—2—25　卸料板的安装结构形式

a）常用结构　b）内螺纹式卸料螺钉结构

1—上模座　2—螺钉　3—垫片　4—管套　5—卸料板

6—卸料板拼块　7—螺塞　8—弹簧　9—固定板　10—卸料销

6. 限位装置

级进模结构复杂，凸模较多，在存放、搬运、试模过程中，若凸模过多地进入凹模，容易损伤模具。为此，在级进模结构中，安装有限位装置，其结构示意如图 4—2—26所示。

限位装置由限位柱与限位垫块、限位套组成。在冲床上安装模具时把限位垫块装上，此时模具处于闭合状态；模具固定好后，取下限位垫块就可以工作，对安装模具十分方便。从冲床上拆下模具前，将限位套放在限位柱上，模具处于开启状态，便于搬运和存放。

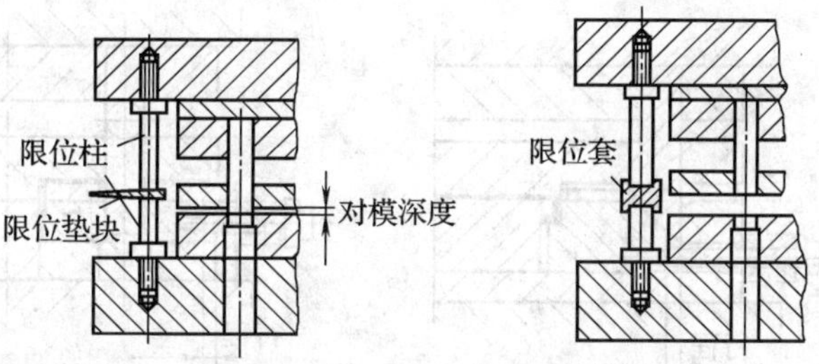

图 4—2—26　限位装置

7. 加工方向的转换装置

在级进弯曲或其他成形工序冲压时，往往需要从不同方向进行，因此，需要将压力机滑块垂直向下的运动，转化成凸模（或凹模）向上或水平等不同方向的加工。完成这种加工方向转换的装置，通常采用斜楔滑块机构或杠杆机构，其结构示意如图 4—2—27 所示。

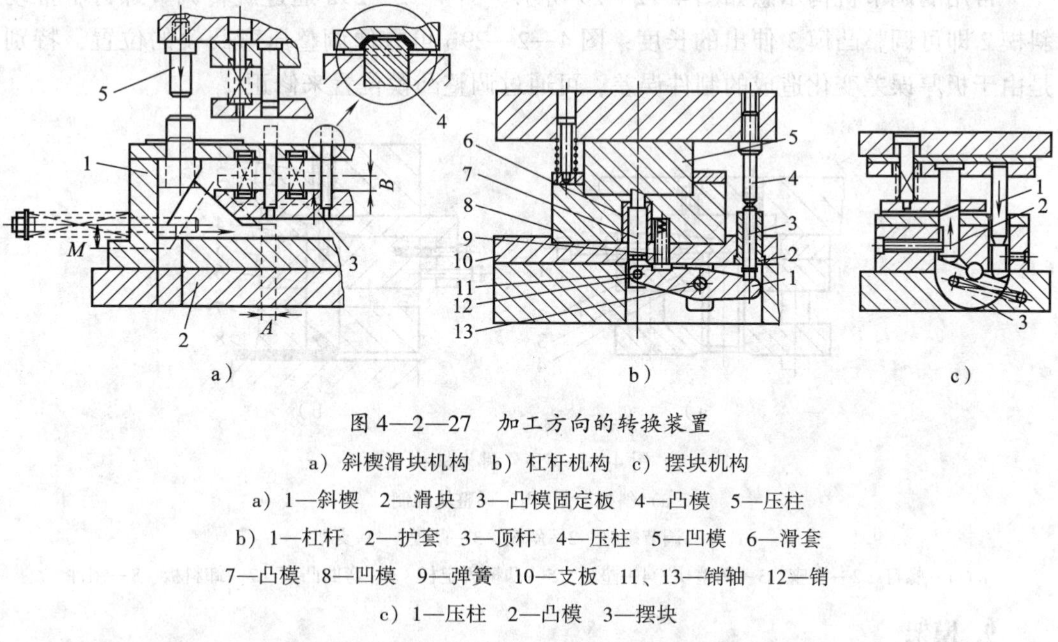

图 4—2—27　加工方向的转换装置

a）斜楔滑块机构　b）杠杆机构　c）摆块机构

a）1—斜楔　2—滑块　3—凸模固定板　4—凸模　5—压柱

b）1—杠杆　2—护套　3—顶杆　4—压柱　5—凹模　6—滑套

7—凸模　8—凹模　9—弹簧　10—支板　11、13—销轴　12—销

c）1—压柱　2—凸模　3—摆块

斜楔滑块机构是通过上模压柱 5，打击斜楔 1，由斜楔 1 推动滑块 2 和凸模固定板 3，转化成凸模 4 向上运动，从而使坯件在凸模 4 和凹模之间局部成形（凸包）。这种结构由于成形方向向上，凹模板不需设让位孔，动作平稳，应用广泛。

杠杆机构是利用杠杆摆动转化成凸模向上的直线运动，进行冲切或弯曲；而摆块机构是用摆块机构实现向上成形。

根据需要，还可采用斜滑块机构进行加工方向的转换，将模具的上下运动转换为镶件的水平运动，对制件的侧面进行加工，其结构示意如图 4—2—28 所示。

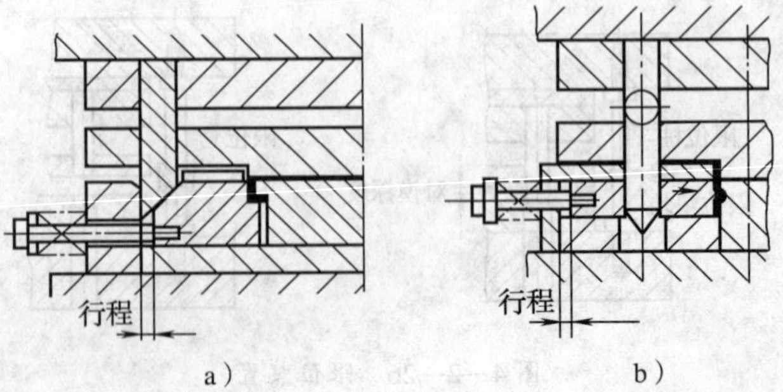

图 4—2—28　斜滑块机构

8. 调节装置

模具在成形时，需要对成形高度进行调整，特别是在校正和整形时，微量调节成形凸模的位置是十分重要的。调节量太小达不到成形件的质量要求，调节量太大易使凸模被折断。

常用的调节机构示意如图 4—2—29 所示。图 4—2—29a 通过旋转调节螺钉 1 推动斜楔 2 即可调整凸模 3 伸出的长度；图 4—2—29b 可方便调整压弯凸模的位置，特别是由于板厚误差变化造成的制件误差，可通过调整凸模位置来修正。

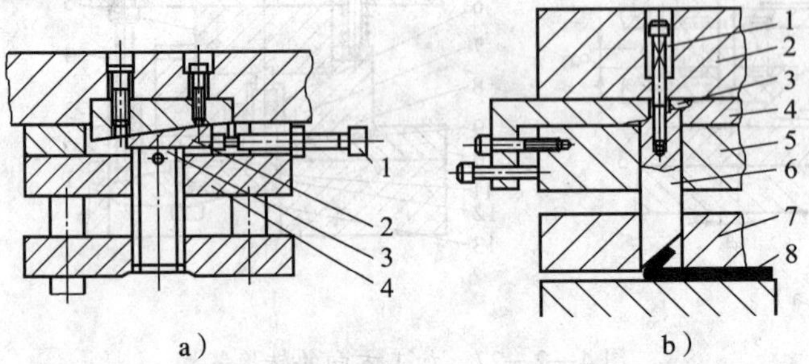

图 4—2—29　调节机构

a）斜楔控制　b）调整块控制

a）1—调节螺钉　2—斜楔　3—凸模　4—支架

b）1—螺钉　2—模座　3—调整块　4—垫板　5—凸模固定板　6—弯曲凸模　7—卸料板　8—制件

9. 模架

级进模模架要求刚度好、精度高，因此，通常将上模座加厚 5 ~ 10 mm，下模座加厚 10 ~ 15 mm（与标准模架相比）。同时，为了满足刚度和精度的要求，级进模多采用四导柱模架，并经常采用压板可卸式导柱、导套，其结构形式如图 4—2—30 所示。

需要说明的是，对于小型模具或子模架也可用双导柱模架。

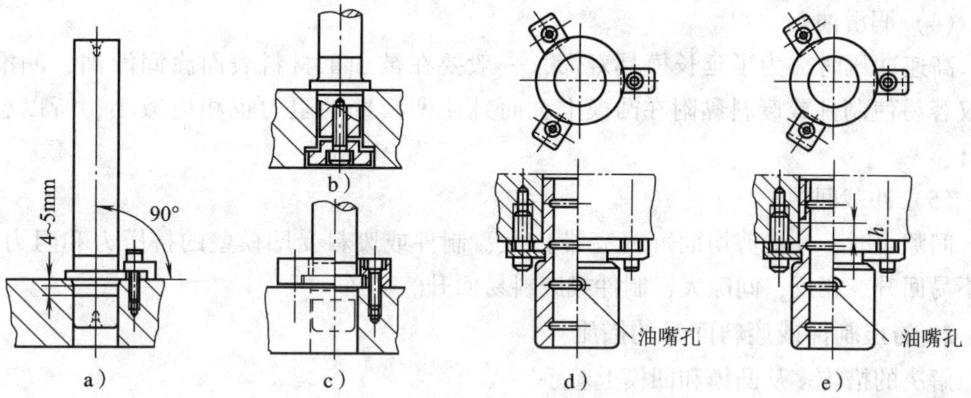

图 4—2—30 压板可卸式导柱、导套

a) 三块压板压紧导柱 b) 螺钉压板压紧导柱 c) 压板压紧导柱 d)、e) 三块压板压紧导套

第三节 多工位精密自动级进模的安全保护

多工位精密自动级进模在高速冲压连续工作时，制件及废料容易从凹模口上升，粘贴在凸模刃口平面上，从而影响正常冲压工作，严重时甚至会损坏模具和压力机，造成不应有的损失。

一、防止制件或废料的回升和堵塞

1. 制件或废料回升的原因

造成制件或废料回升的原因有很多，比如冲裁形状、冲裁速度、工作零件刃口锋利程度、润滑油使用与否、冲裁间隙等。

（1）冲裁形状

冲裁形状简单的薄、软质材料易回升。轮廓形状复杂的制件或废料，因其轮廓凸凹部分较多，凸部收缩，凹部扩大，角部在凹模壁内有较大的阻力，所以不易回升。

（2）冲裁速度

当冲裁速度较高时，制件或废料在凹模内被凸模吸附作用大（真空作用），因此容易回升，特别是在冲裁速度超过每分钟 50 次时，这种现象更为明显。

（3）凸、凹模刃口利钝程度

锋利刃口冲裁时，材料阻力小，制件或废料容易回升。相反，钝刃口冲裁时阻力大，制件或废料受凹模壁阻力也增大，反而不易回升。

（4）润滑油

高速冲压时，为了延长模具寿命，一般要在被加工材料表面涂润滑油，润滑油不仅容易使制件或废料黏附在凸模上，而且使凹模壁的阻力也相应减小，所以容易回升。

（5）冲裁间隙

间隙小时，冲裁剪切面（光亮带）大，制件或废料受凹模壁的挤压力和阻力大，故不易回升。相反，间隙大，制件或废料易回升。

2. 防止制件或废料回升的措施

解决的措施多从凸模和凹模上着手。

（1）利用凸模防止制件或废料回升

利用前述内装顶料销的凸模可防止制件或废料回升。图 4—3—1a 所示是利用压缩空气防止废料回升，它主要用于小断面凸模不能装顶料销的场合，其气孔直径一般为 0. 3 ~ 0. 8 mm。图 4—3—1b 是应用在直径小于 1 mm 的细长凸模上，尤其是拉深件冲底孔凸模。在凸模端面制成 45° ~ 50°的锥度，$h = 0.5d$；工作时，首先由锥顶定位后再冲裁，这样不仅废料不能黏在凸模上，而且制件外形与中心孔的同轴度也得到保证。图 4—3—1c 是在凸模端面上制成圆弧，h 为料厚的 1/3 ~ 1/2，b 取料厚的 1. 5 ~ 2 倍。

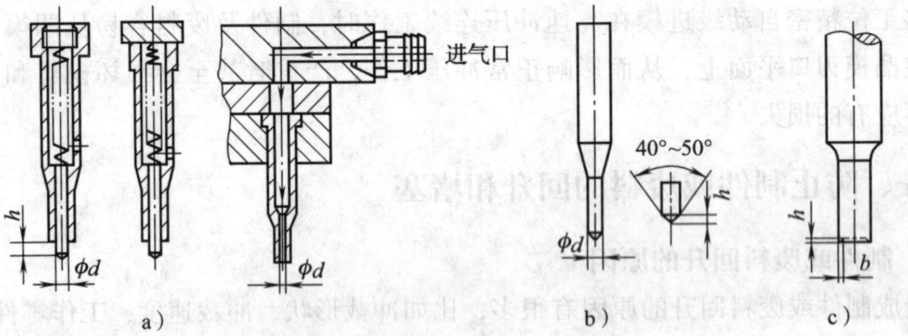

图 4—3—1　利用凸模防止制件或废料的回升

（2）利用凹模防止制件或废料回升

利用凹模刃口壁做成 3′ ~ 10′的倒锥角，而在漏料孔壁做成 1° ~ 2°的顺锥角，冲裁时制件或废料外周受到压缩应力作用，同凹模壁的摩擦增加，制件或废料不易回升，对于较大的制件或废料，这是防止其回升的有效方法。但是，这种方法使用的倒锥角不易加工，而且也容易引起小凸模的折断。

3. 制件或废料的堵塞

多工位级进模工作过程中，废料或制件除有上升的情况外，还有在凹模中堵塞情况的出现。如此情况的出现，一方面容易损坏凸模，另一方面会胀裂凹模。制件或废料在凹模内积存过多、造成堵塞主要是由凹模漏料孔所引起的，可采取如下措施预防。

（1）合理设计漏料孔

对于薄料小孔冲裁（$d<1.5$ mm），因废料重量轻，又有润滑油黏在一起，所以最容易堵塞。在不影响刃口重磨的情况下，应尽量减小凹模刃口直筒部分的高度 h，使 $h=1.5$ mm；对于精密制件，在刃口部分制成 $\alpha=3'\sim10'$ 的锥角孔口，漏料孔壁制成 $\alpha_1=1°\sim2°$ 的锥圆，如图 4—3—2 所示。

（2）利用压缩空气防止废料堵塞

图 4—3—3 所示为利用压缩空气使凹模漏料孔产生负压，迫使制件或废料漏出凹模，既可防止制件或废料回升，又可防止堵塞凹模。

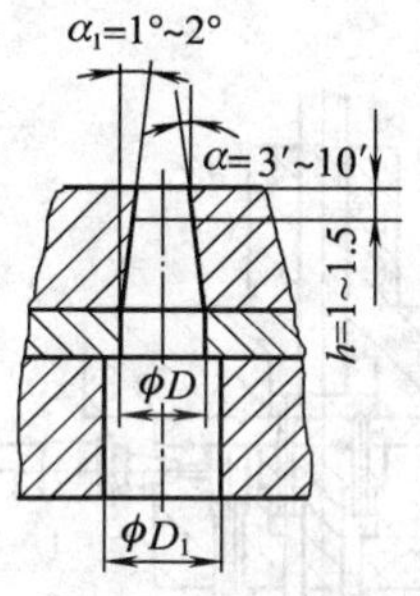

图 4—3—2 带锥度的凹模漏料孔

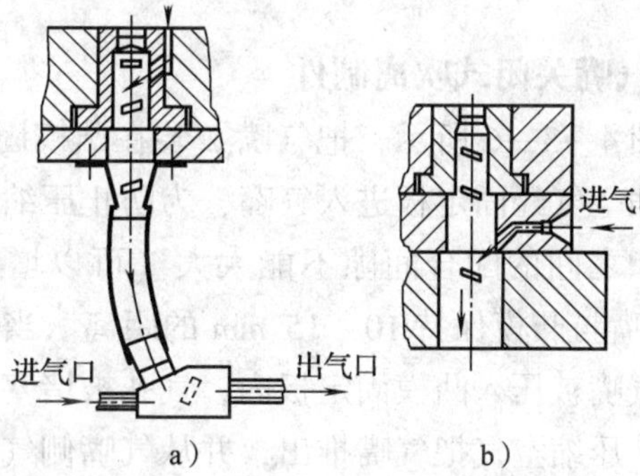

图 4—3—3 利用压缩空气防止堵塞

二、模面制件或废料的清理

在任何一种冲模工作时，绝不允许有制件或废料停留在模具表面，尤其是级进模要在不同的工位上完成制件多种成形工序，更不能忽视其模面制件和废料的清理，而且清理必须自动进行才能满足高速生产的要求。生产中常用压缩空气清理，使制件或废料离开模面，具体形式有以下几种。

1. 利用凸模气孔吹离制件

当制件成形后从条料上切离时，若采用一次切离几件的方法切离制件，这些制件大都不能从凹模漏料孔中漏下，只能从模面清理。清理这类制件，可采用如图 4—3—4 所示的方法。凸模上所钻气孔位置及大小按清理制件不同而异，一般以 0.8 ~ 1.2 mm 为宜。凸模中间的气孔是防止废料回升，两侧斜孔（$\alpha=45°\sim50°$）用来吹离被切离的制件，使制件向模面两边离开。

2. 从模具端面吹离制件

在最后工位切离的制件，可利用增设的气孔从模具端面吹离，结构示意如图 4—3—5 所示。压缩空气经下模座 3 和凹模 2 进入导料板 1 中的斜气孔，当工件切离条料后，压缩空气经导料板的气孔将工件从模具端面吹离。

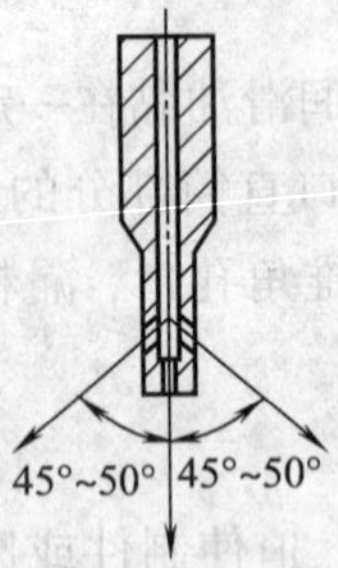

图 4—3—4　利用凸模气孔吹离制件

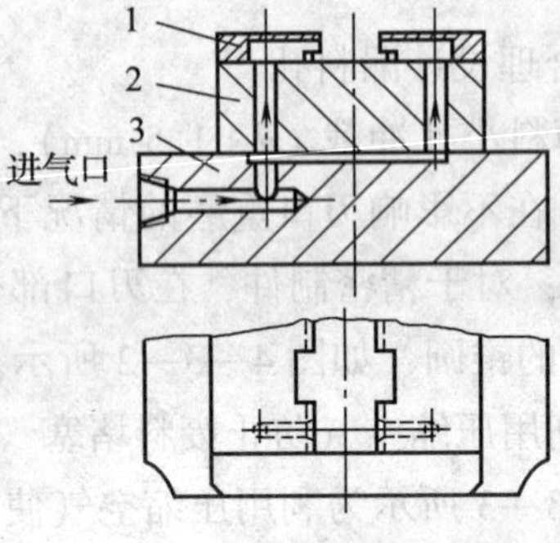

图 4—3—5　从模具端面吹离制件

1—导料板　2—凹模　3—下模座

3. 气嘴关闭式吹离制件

如图 4—3—6 所示，把气嘴 2 装在凸模固定板 1 中，压缩空气经固定板进入气嘴，为防止压缩空气损失，它们之间的配合间隙不能太大（可以增设密封圈），气嘴与凸模保持 10 ~ 15 mm 的距离。当上模下行时，气嘴被压入凸模固定板内，气孔被堵塞；上模回升时，压缩空气把气嘴推出，并从气嘴侧气孔中喷出气流把制件吹离模面。这种形式在复合模或复合工位中常用。

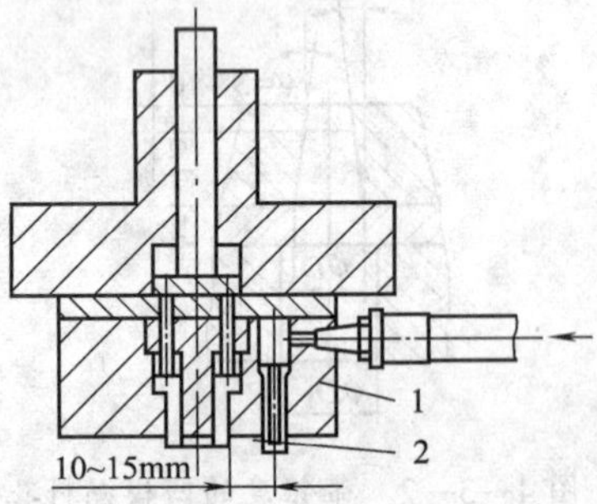

图 4—3—6　气嘴关闭式吹离制件

1—凸模固定板　2—气嘴

4. 模外可动气嘴吹离制件

对于一些小型模具在模内设置气孔有困难时，可把软管的气嘴架安装在模具需要清理的任意外侧，吹离模面的制件或废料。这种装置结构简单，固定方便、灵活，使用广泛。利用压缩空气清理模面的制件或废料，应正确设计气嘴位置、方向和所用气压的大小，同时要注意不要损伤制件（可采用软质袋承接制件）。

三、模具的安全检测装置

冲压工作中，经常会因一次失误（误送、凸模折断、废料或制件回升与堵塞等）而使精密模具损坏，甚至造成压力机的损坏。因此，在生产过程中必须有防止失误的安全检测装置。检测装置可以安装在模具内，也可安装在模具外。冲压时，因某种原因影响到模具正常工作时，检测的传感元件能迅速地把信号反馈给压力机的制动部位，实现自动保护。常用的方法为光电传感检测和接触传感检测。图 4—3—7 所示为在自动冲压生产过程中具有各种监视功能的检测装置。

1. 送料步距失误检测

在级进冲压时，材料的自动送料装置有时会因环境的微小变化而使送进步距失准，

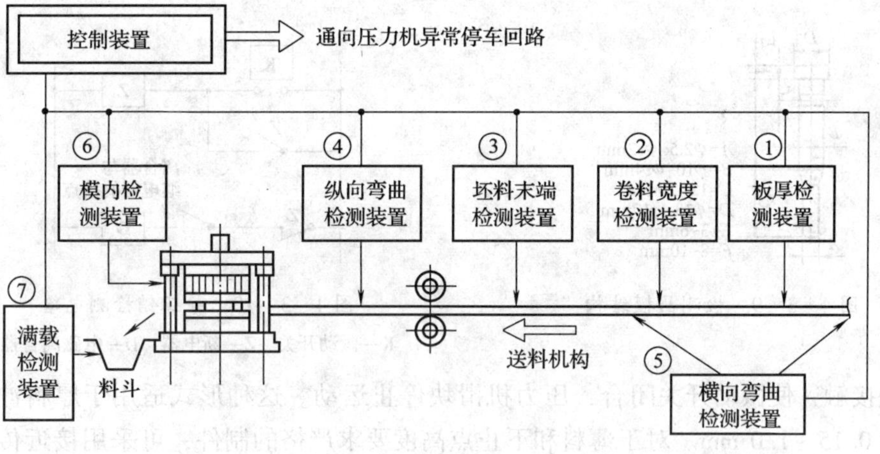

图 4—3—7　板料冲压时检测装置示意图

若不及时排除，就会损坏制件或造成凸模折断。为了防止级进加工出现的送料步距失误，在多工位级进模内装入检测凸模。当检测凸模发现误送时，检测凸模的动作将推动顶杆使其与微动开关接触，从而接通电路达到使冲床急速停止的目的。图 4—3—8 所示为利用导正孔检测的几种形式。当检测销 1 因送料失误不能进入条料的导正孔时，便被条料推动向上移动，同时推动触销 2 使微动开关 3 闭合，因微动开关同压力机电磁离合器是同步的，所以电磁离合器脱开，压力机滑块停止运动。

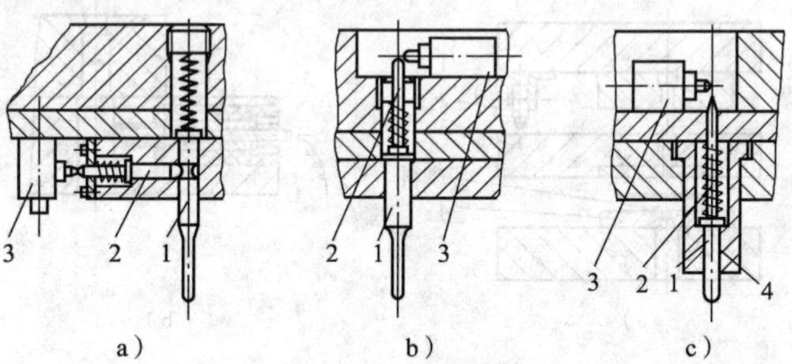

图 4—3—8　导正孔检测装置

1—检测销　2—触销　3—微动开关　4—冲孔凸模

a）形式 1　b）形式 2　c）形式 3

图 4—3—9 所示为检测凸模的结构示意图。浮动检测凸模检测因调整简单，检测可靠，广泛地应用在多工位精密自动级进模中。检测的电路原理如图 4—3—10 所示。

2. 废料回升和堵塞检测

图 4—3—11 所示为废料回升和堵塞的检测装置。废料回升检测一般都采用模具闭合高度的下止点检测，如图 4—3—11a 所示。微动开关 2 安装在上模座 1 上，当卸料板 3 和凹模 4 表面无废料和其他异物时，微动开关始终保持断开状态。如有废料或异物在凹模表面上，在压力机滑块下行到下止点时，废物或异物把卸料板垫起使之与微

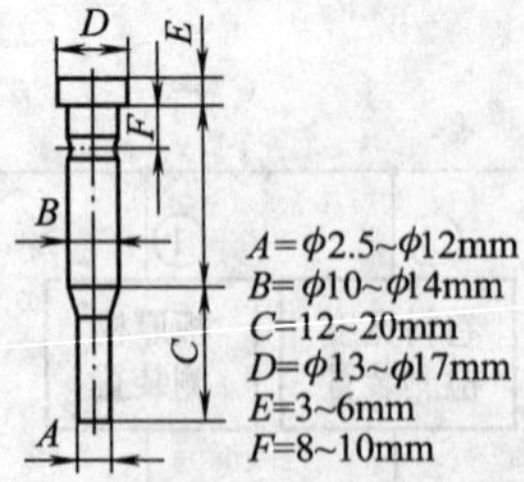

图 4—3—9 检测凸模结构

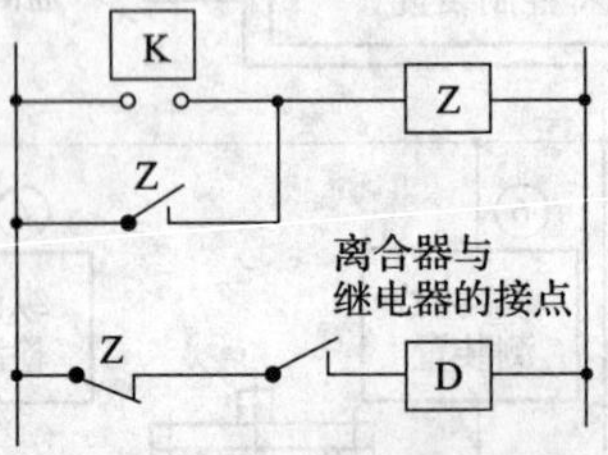

图 4—3—10 导正销检测电路

K—微动开关 Z—断电器 D—电磁离合器

动开关接触，使微动开关闭合，压力机滑块停止运动。这种形式适用于厚料冲裁，灵敏度为 0. 15 ~1. 0 mm。对于薄料和下止点高度要求严格的制件，可采用接近传感器来控制模具下止点高度。用接近传感器（如舌簧接点型、高频振荡型等）代替微动开关并装在下模座上，传感件装在卸料板上，调整好它们之间的距离，可把灵敏度控制在 0. 01 mm 左右。图 4—3—11b 所示为废料堵塞的检测。在下模中装有同下模座绝缘的检测销，当冲裁废料或制件自由下落时，如果每块废料都通过检测销接触，压力机就连续工作。如果废料堵塞在凹模内，压力机的某一冲程没有废料通过检测销，与检测销同步的压力机电磁离合器便脱开，滑块就停止运动。这种检测形式适用于外形尺寸较大的废料检测。

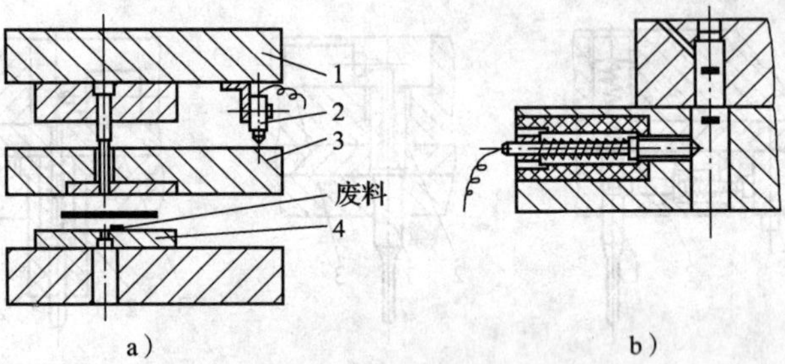

图 4—3—11 废料回升或堵塞检测

a）废料回升检测 b）废料堵塞检测

1—上模座 2—微动开关 3—卸料板 4—凹模

3. 出件检测

图 4—3—12 所示为出件检测。在正常工作时，顶板 4 和传感器 2 间有小于冲裁件厚度的间隙，此时线路不通。如果顶板卸件时，工件未能顶出，则在下一 冲程中，模内又多积一工件，此时顶板 4 和传感器 2 接触，导通线路控制冲床停止。间隙 d 根据材料厚度预先设定。

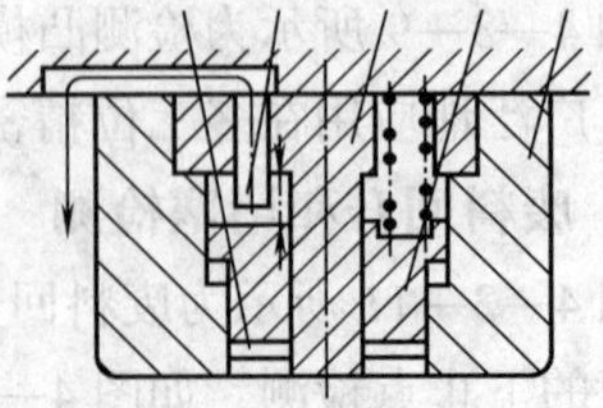

图 4—3—12 出件检测

1—工件 2—传感器 3—冲孔凸模

4—顶板 5—落料凸模

4. 材料厚度、宽度和拱弯等检测

(1) 材料厚度超差和拱弯的检测

图4—3—13a所示为材料厚度超差的检测装置。当条料4过厚时，检测销3通过杠杆2使微动开关1动作，断开电路，压力机停止工作。图4—3—13b是利用探针检测材料拱弯。由于材料自身拱弯，或由于送料长度大于模具步距时，材料在模具外造成波腹，当波腹同探针接触时，压力机停止工作。如果是属于送料原因，此时应调整送料装置，使材料送进与模具的冲压步距趋于一致。

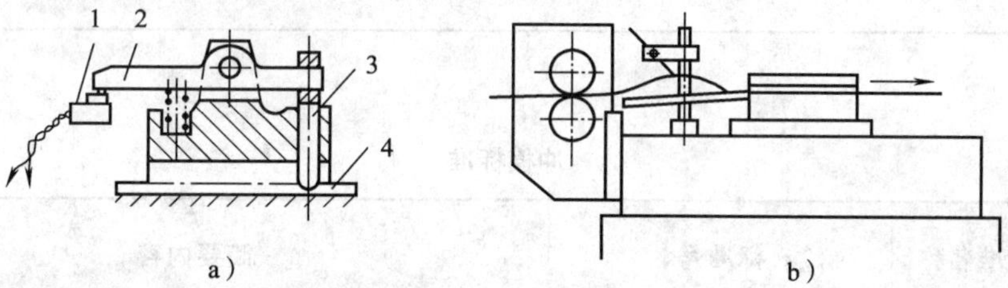

图4—3—13 材料厚度与拱弯的检测

1—微动开关 2—杠杆 3—检测销 4—条料

(2) 料宽的检测

料宽的检测也可用微动开关或探针检测，厚料采用微动开关接触检测，薄料采用探针接触检测。如果送料左右摆动（蛇行送料）也可用同样方式检测。

(3) 条料用完的检测

条料用完，压力机应停止运转，这类检测同样可以采用接触检测方式。如图4—3—13a所示，如果将微动开关1改用常分开关，有料送进时条料4始终把检测销3垫起，使杠杆压合微动开关1，电路闭合，压力机连续转动；当材料的料尾脱离检测销时，杠杆在弹簧的作用下左端抬起离开微动开关，切断电路，压力机立即停止工作。

附录

附录一　　冲模标准

标准类型	标准名称	标准号	简要内容
冲模基础标准	冲模术语	GB/T 8845—2006	对冲模类型、冲模零部件、冲模设计要素、零件结构要素等进行了定义性的解述。给出了落料模、弯曲模、拉深模、复合模、级进模图例，提供了术语名称的中、英文索引
	冲压件尺寸公差 冲压件角度公差	GB/T 13914—2013 GB/T 13915—2013	规定了金属冲压件的尺寸和角度公差等级、代号、公差数值及偏差数值
	冲裁间隙	GB/T 16743—2010	规定了金属板料与非金属板料的冲裁间隙值，以及采用此间隙值时冲裁件可以达到的尺寸精度与剪切面质量水平
冲模产品（零部件）标准	冲模零件	GB/T 2855. 1 ~2—2008	冲模滑动导向模座（上模座、下模座）
		GB/T 2856. 1 ~2—2008	冲模滚动导向模座（上模座、下模座）
		GB/T 2861. 1 ~ 11—2008	冲模导向装置零件，包括：滑动导向导柱、滚动导向导柱、滑动导向导套、滚动导向导套、钢球保持圈、圆柱螺旋压缩弹簧、滑动导向可卸导柱、滚动导向可卸导柱、衬套、垫圈和压板
		JB/T 8057. 1 ~5—1995	冷冲模凸、凹模零件，包括：A 型圆凸模、B 型圆凸模、快换圆凸模、圆凹模和带肩圆凹模
		JB/T 5825 ~5830—2008	冲模零件，包括：圆柱头直杆圆凸模、圆柱头缩杆圆凸模、60°锥头直杆圆凸模、60°锥头缩杆圆凸模、球锁紧圆凸模和圆凹模

续表

标准类型	标准名称	标准号	简要内容
冲模产品（零部件）标准	冲模零件	JB/T 7184. 1 ~4—1995	冲模钢板模座零件，包括：后导柱下模座、对角导柱下模座、中间导柱下模座和四导柱下模座
		JB/T 7185. 1 ~4—1995	冲模滑动导向钢板模座零件，包括：后导柱上模座、对角导柱上模座、中间导柱上模座和四导柱上模座
		JB/T 7186. 1 ~4—1995	冲模滚动导向钢板模座零件，包括：后导柱上模座、对角导柱上模座、中间导柱上模座和四导柱上模座
		JB/T 7187. 1 ~6—1995	冲模导向装置零件，包括：A 型导柱、B 型导柱、A 型导套、B 型导套、钢球保持圈和圆柱螺旋压缩弹簧
		JB/T 7642. 1 ~5—1994	冲模通用模座零件，包括：带柄圆形上模座、带柄矩形上模座、A 型下模座、B 型下模座和弯曲模下模座
		JB/T 7642. 6 ~8—1995	冷冲模通用模座零件，包括：钢板模座、模座和C 型下模座
		JB/T 7644. 1 ~8—2008	冲模单凸模模板零件，包括：单凸模固定板、单凸模垫板、偏装单凸模固定板、偏装单凸模垫板、球锁紧单凸模固定板、球锁紧单凸模垫板、球锁紧偏装单凸模固定板和球锁紧偏装单凸模垫板
		JB/T 7645. 1 ~8—2008	冲模导向装置零件，包括：A 型小导柱、B 型小导柱、小导套、压板固定式导柱、压板固定式导套、压板、导柱座和导套座
		JB/T 7646. 1 ~6—2008	冲模模柄，包括：压入式模柄、旋入式模柄、凸缘模柄、槽形模柄、浮动模柄和推入式活动模柄
		JB/T 7647. 1 ~4—2008	冲模导正销，包括：A 型导正销、B 型导正销、C 型导正销和 D 型导正销
		JB/T 7648. 1 ~8—2008	冲模侧刃和导料装置零件，包括：侧刃、A 型侧刃挡块、B 型侧刃挡块、C 型侧刃挡块、导料板、承料板、A 型抬料销和 B 型抬料销

续表

标准类型	标准名称	标准号	简要内容
冲模产品（零部件）标准	冲模零件	JB/T 7649.1～10—2008	冲模挡料和弹顶装置零件，包括：始用挡料装置、弹簧芯柱、弹簧侧压装置、侧压簧片、弹簧弹顶挡料装置、扭簧弹顶挡料装置、回带式挡料装置、钢球弹顶装置、活动挡料销和固定挡料销
		JB/T 7650.1～8—2008	冲模卸料装置零件，包括：带肩推杆、带螺纹推杆、顶杆、顶板、圆柱头卸料螺钉、圆柱头内六角卸料螺钉、定距套件和调节垫圈
		JB/T 7651.1～2—2008	冲模废料切刀，包括：圆废料切刀和方废料切刀
		JB/T 7652.1～2—2008	冲模限位支承装置零件，包括：支承套件和限位柱
		JB/T 8054.1～2—1995	冷冲模导板模导板，包括：对角导柱弹压导板和中间导柱弹压导板
	冲模模架	GB/T 2851—2008	冲模滑动导向模架
		GB/T 2852—2008	冲模滚动导向模架
		JB/T 8049.1～2—1995	冷冲模导板模模架，包括：对角导柱弹压模架和中间导柱弹压模架
		JB/T 7181.1～4—1995	冲模滑动导向钢板模架，包括：后导柱模架、对角导柱模架、中间导柱模架和四导柱模架
		JB/T 7182.1～4—1995	冲模滚动导向钢板模架，包括：后导柱模架、对角导柱模架、中间导柱模架和四导柱模架
冲模工艺与质量标准	冲模技术条件	GB/T 14662—2006	规定了冲模的要求、验收、标志、包装、运输和储存，适用于冲模的设计、制造和验收。对不同模具类型、不同冲件与冲压工艺情况下模具工作零件和模具一般零件的常用材料和硬度要求做了相应规定，具体内容见附录二、附录三
	冲模钢板模架技术条件	JB/T 7183—1995	规定了钢板模架零件制造和装配技术要求，以及模架验收的技术要求

附录二　　模具工作零件常用材料及硬度

模具类型	冲件与冲压工艺情况		材料	硬度	
				凸模	凹模
冲裁模	Ⅰ	形状简单，精度较低，材料厚度小于或等于3 mm，中小批量	T10A、9Mn2V	56~60HRC	58~62HRC
	Ⅱ	材料厚度小于或等于3 mm，形状复杂；材料厚度大于3 mm	9CrSi、CrWMn、Cr12、Cr12MoV、W6Mo5Cr4V2	58~62HRC	60~64HRC
	Ⅲ	大批量	Cr12MoV、Cr4W2MoV	58~62HRC	60~64HRC
			YG15、YG20	≥86HRA	≥84HRA
			超细硬质合金	—	
弯曲模	Ⅰ	形状简单，中小批量	T10A	56~62HRC	
	Ⅱ	形状复杂	CrWMn、Cr12、Cr12Mov	60~64HRC	
	Ⅲ	大批量	YG15、YG20	≥86HRA	≥84HRA
	Ⅳ	加热弯曲	5CrNiMo、5CrNiTi、5CrMnMo	52~56HRC	
			4Cr5MoSiV1	40~45HRC，表面渗氮≥900HV	
拉深模	Ⅰ	一般拉深	T10A	56~60HRC	58~62HRC
	Ⅱ	形状复杂	Cr12、Cr12MoV	58~62HRC	60~64HRC
	Ⅲ	大批量	Cr12MoV、Cr4W2MoV	58~62HRC	60~64HRC
			YG10、YG15	≥86HRA	≥84HRA
			超细硬质合金	—	
	Ⅳ	变薄拉深	Cr12MoV	58~62HRC	—
			W18Cr4V、W6Mo5Cr4V2、Cr12MoV	—	60~64HRC
			YG10、YG15	≥86HRA	≥84HRA
	Ⅴ	加热拉深	5CrNiTi、5CrNiMo	52~56HRC	
			4Cr5MoSiV1	40~45HRC，表面渗氮≥900HV	
大型拉深件	Ⅰ	中小批量	HT250、HT300	170~260HB	
			QT600－20	197~269HB	
	Ⅱ	大批量	镍铬铸铁	火焰淬硬40~45HRC	
			钼铬铸铁、钼钒铸铁	火焰淬硬50~55HRC	

附录三　　模具一般零件常用材料及硬度

零件名称	材料	硬度
上、下模座	HT200 45	170～220HB 24～28HRC
导柱	20Cr GCr15	60～64HRC（渗碳） 60～64HRC
导套	20Gr GGr15	58～62HRC（渗碳） 58～62HRC
凸模固定板、凹模固定板、螺母、垫圈、螺塞	45	28～32HRC
模柄、承料板	Q235A	—
卸料板、导料板	45 Q235A	28～32HRC —
导正销	T10A 9Mn2V	50～54HRC 56～60HRC
垫板	45 T10A	43～48HRC 50～54HRC
螺钉	45	头部 43～48HRC
销钉	T10A、GCr15	56～60HRC
挡料销、抬料销、推杆、顶杆	65Mn、GCr15	52～56HRC
推板	45	43～48HRC
压边圈	T10A 45	54～58HRC 43～48HRC
定距侧刃、废料切断刀	T10A	58～62HRC
侧刃挡块	T10A	56～60HRC
斜楔与滑块	T10A	54～58HRC
弹簧	50CrVA、55CrSi、65Mn	44～48HRC